Windenergieanlagen in der Raumordnung

Regensburger Beiträge zum Staats- und Verwaltungsrecht

Herausgegeben von Gerrit Manssen

Band 1

PETER LANG

Frankfurt am Main · Berlin · Bern · Bruxelles · New York · Oxford · Wien

Simone Maria Koitek

Windenergieanlagen in der Raumordnung

PETER LANG
Europäischer Verlag der Wissenschaften

Bibliografische Information Der Deutschen Bibliothek
Die Deutsche Bibliothek verzeichnet diese Publikation in der
Deutschen Nationalbibliografie; detaillierte bibliografische
Daten sind im Internet über <http://dnb.ddb.de> abrufbar.

Zugl.: Regensburg, Univ., Diss., 2004

D 355
ISSN 1860-319X
ISBN 3-631-53781-6
© Peter Lang GmbH
Europäischer Verlag der Wissenschaften
Frankfurt am Main 2005
Alle Rechte vorbehalten.

Das Werk einschließlich aller seiner Teile ist urheberrechtlich
geschützt. Jede Verwertung außerhalb der engen Grenzen des
Urheberrechtsgesetzes ist ohne Zustimmung des Verlages
unzulässig und strafbar. Das gilt insbesondere für
Vervielfältigungen, Übersetzungen, Mikroverfilmungen und die
Einspeicherung und Verarbeitung in elektronischen Systemen.

www.peterlang.de

Vorwort

Die vorliegende Arbeit wurde im September 2004 von der Juristischen Fakultät der Universität Regensburg als Dissertation angenommen.

Bei Herrn Prof. Dr. Gerrit Manssen, der die Bearbeitung des Themas angeregt und die Arbeit von Beginn an betreut hat möchte ich mich für seine große Unterstützung bedanken. Sein Wissen und seine Erfahrungen im Bereich des Raumordnungsrechts waren mir sowohl eine Hilfe als auch Motivation. Herrn Prof. Dr. Udo Steiner danke ich für die ausführliche und interessierte Zweitkorrektur. Herzlich bedanken möchte ich mich auch bei Herrn Dr. Michael Auer, der mir bei der Gestaltung der Arbeit und dem Layout behilflich war sowie bei meinem Kollegen Herrn Rechtsanwalt Horst Lenner, der die Arbeit mit Akribie gelesen hat und die letzten Rechtschreibkorrekturen angebracht hat.

Mein besonderer Dank gilt meinen Eltern, die mich während meiner gesamten Ausbildung stets motiviert und unterstützend begleitet haben.

Simone Koitek

Inhaltsverzeichnis

A.	Einleitung	15
B.	Energiewirtschaftliche Aspekte	19
I.	Völkerrechtliche Verpflichtungen	19
II.	Zusammenspiel von Raumplanung, Umwelt und Energie	21
III.	Zahlen und Daten zur Windenergie	23
1.	Vorhandene Anlagen in Deutschland und Ausbaufähigkeit	23
2.	Technische Daten	26
IV.	Standortanalysen und Leistung einer Windkraftanlage	28
V.	Standortfaktoren und Perspektiven	30
C.	Steuerung der Ansiedlung von Windenergieanlagen	33
I.	Steuerung durch Raumordnung und Landesplanung	35
1.	Rechtliche Grundlagen und Instrumente	37
2.	Problematik von Soll-Formulierung bei Zielen	41
a)	Problemdarstellung	41
b)	Stand der Diskussion	42
c)	Fazit	45
3.	Die Eigenart der einzelnen Gebiete	45
a)	Vorranggebiete	46
(1)	Wesen und Rechtsnatur	46
(2)	Praktische Relevanz	48
b)	Vorbehaltsgebiete	49
(1)	Wesen und Rechtsnatur	49
(2)	Praktische Relevanz für die Windenergie	51
c)	Eignungsgebiete	52
d)	Abwägung	54
e)	Planungsbedürfnis	55
f)	Negativplanung	56
4.	Bindungswirkung der Erfordernisse der Raumordnung	57
a)	Unterscheidung nach Adressaten	58
(1)	Öffentliche Stellen	58
(2)	Personen des Privatrechts in Wahrnehmung öffentlicher Aufgaben	59

	(3)	Bindungswirkung für sonstige Personen des Privatrechts	60
	b)	Raumbedeutsamkeit	63
5.		Die Ausschlusswirkung im Sinne des § 35 Abs. 3 Satz 3 BauGB	66
	a)	Schlüssiges Plankonzept als Voraussetzung	66
	b)	Vereinbarkeit mit Art. 14 Abs. 1 GG	67
6.		Weitere mögliche Verfahren und Instrumente	69
7.		Ausblick	71

II. Europäische Einflüsse auf das Raumordnungsrecht 71
   1. UVP-Änderungsrichtlinie 73
   2. Fauna-Flora-Habitat-Richtlinie 75
   3. Richtlinie über die strategische Umweltprüfung 76
   4. Umsetzung der UP-Richtlinie und Ausblick 78

III. Koordination der Raumplanung 80
   1. Einflussnahme auf die kommunale Bauleitplanung 80
      a) Anpassungspflicht der Kommunen 81
      b) Schon bestehende gemeindliche Planung 83
   2. Beteiligung der Gemeinden 84
      a) Grundlagen der Beteiligung 84
      b) Beteiligung nach dem BayLplG 85
   3. Parametrische Steuerung 86
   4. Verbandsbeteiligung beim Erlass von Raumordnungsplänen 88
   5. Befüllung der ausgewiesenen Standorte 88
   6. Vorrangzonenflächen im Gemeindeeigentum 89

IV. Kommunale Bauleitplanung 89
   1. Flächennutzungsplan 90
      a) Möglichkeiten der Darstellung 92
      b) Wirkung der Darstellung 93
      c) Tendenzen in der Rechtsprechung 95
      d) Einfluss des Bayerischen Solar- und Windatlasses 96
   2. Der Bebauungsplan 97
      a) Allgemein 97
      b) Konkretisierung des Flächennutzungsplans 98
   3. Auswirkungen des Bundesnaturschutzgesetzes 99
   4. Der Stand der Technik als beeinflussender Faktor 100
   5. Erforderliche Ausgleichsmaßnahmen in der Bauleitplanung 101
   6. Aktuelle Entwicklungen durch die BauGB-Novelle 2004 103

D. Die Genehmigung von Windkraftanlagen 105

I. Bauplanungsrechtliche Aspekte 106

	1.	Geltungsbereich eines qualifizierten Bebauungsplans	106
	2.	Untergeordnete Nebenanlage	106
	3.	Errichtung im unbeplanten Innenbereich	107
	4.	Die Errichtung einer Windenergieanlage im Außenbereich	109
		a) Privilegierung	109
		b) Entgegenstehende öffentliche Belange	111
		(1) Darstellungen des Flächennutzungsplans	111
		(2) Schädliche Umwelteinwirkungen	112
		(3) Belange des Naturschutzes und der Landschaftspflege	112
		(4) Sonstige Erfordernisse der Raumordnung	114
II.		Bauordnungsrechtliche Aspekte	115
	1.	Allgemeiner Überblick	115
	2.	Abstandsflächen	116
	3.	Sicherheitsleistung für den Rückbau	118
III.		Interessenkollisionen bei Erteilung von Baugenehmigungen	118
	1.	Richtfunkstrecken von Mobilfunkbasisanlagen	118
	2.	Andere Windenergieanlagenbetreiber	120
	3.	Sonstige nachbarrechtlich Betroffene	120
IV.		Weitere Aspekte und Genehmigungserfordernisse	123
	1.	Genehmigungserfordernis nach dem EnWG	123
	2.	UVP-Pflicht	123
	3.	Genehmigung nach dem Bundesimmissionsschutzgesetz	124
	4.	Naturschutzrechtliche Bestimmungen	125
	5.	Verkehrsrecht	126
E.		Offshore-Windenergieanlagen	129
I.		Derzeitiger Stand und Nutzung	129
II.		Rechtlicher Rahmen	132
	1.	Windenergienutzung in der Ausschließlichen Wirtschaftszone	132
		a) Genehmigung von Windenergieanlagen in der AWZ	133
		b) Raumordnungsrechtliche Aspekte	134
	2.	Rechtliche Grundlagen innerhalb der 12-Seemeilen-Zone	135
		a) Raumordnung und Landesplanung	135
		b) Wasserrechtliche Bestimmungen	135
		c) Bauleitplanerische Aspekte	137
		d) Baugenehmigungsrechtliche Anforderungen	137
		e) Weitere zu berücksichtigende Aspekte	138
	3.	Ausblick	139

F.	Zusammenfassung	141
Literaturverzeichnis		145

Abkürzungsverzeichnis

a. A.	andere Ansicht
ABl.	Amtsblatt
Abs.	Absatz
a. F.	alte Fassung
Art.	Artikel
Aufl.	Auflage
AWZ	Ausschließliche Deutsche Wirtschaftszone
BauGB	Baugesetzbuch
BauR	Zeitschrift für das gesamte öffentliche und zivile Baurecht
BayLplG	Bayerisches Landesplanungsgesetz
BauNVO	Baunutzungsverordnung
BayNatSchG	Bayerisches Naturschutzgesetz
BNatSchG	Bundesnaturschutzgesetz
BayVBl.	Bayerische Verwaltungsblätter
BayVGH	Bayerischer Verwaltungsgerichtshof
Bearb.	Bearbeiter
Beschl.	Beschluss
BGBl.	Bundesgesetzblatt
BImSchG	Bundesimmissionsschutzgesetz
BM	Bundesministerium
BNatSchG	Bundesnaturschutzgesetz
BR-Drs.	Bundesrat-Drucksache
BT-Drs.	Deutscher Bundestag-Drucksache
BRD	Bundesrepublik Deutschland
BRS	Baurechtssammlung
BSH	Bundesamt für Seeschifffahrt und Hydrographie
BVerfG	Bundesverfassungsgericht
BVerfGE	Bundesverfassungsgerichtsentscheidungen
BVerwG	Bundesverwaltungsgericht
BVerwGE	Bundesverwaltungsgerichtsentscheidungen
BW	Baden-Württemberg
BWV	Baden-Württembergische Verwaltung
ca.	circa
CO_2	Kohlendioxid
DEWI	Deutsches Windenergie-Institut
d. h.	das heißt
DÖV	Die Öffentliche Verwaltung
DVBl.	Deutsche Verwaltungsblätter
EEG	Erneuerbare-Energien-Gesetz

ET	Energiewirtschaftliche Tagesfragen
EU	Europäische Union
EVU	Energieversorgungsunternehmen
f.	folgende
ff.	fortfolgende
FFH	Flora-Fauna-Habitat
FS	Festschrift
FStrG	Bundesfernstraßengesetz
GG	Grundgesetz
GVBl.	Gesetzes- und Verordnungsblätter
ha	Hektar
Hrsg.	Herausgeber
HS	Halbsatz
i. V. m.	in Verbindung mit
km	Kilometer
KWh	Kilowattstunden
KW	Kilowatt
LEP	Landesentwicklungsprogramm
LPlG	Landesplanungsgesetz
LuftVG	Luftverkehrsgesetz
m	Meter
MBl.	Ministerialblatt
m/s	Meter pro Sekunde
Mio.	Million/-en
Mrd.	Milliarde
MW	Megawatt
m. w. N.	mit weiteren Nachweisen
Nr.	Nummer
NuR	Natur und Recht
NVwZ	Neue Zeitschrift für Verwaltungsrecht
NW/NRW	Nordrhein-Westfalen
NWVBl.	Nordrhein-Westfälische Verwaltungsblätter
o.ä.	oder ähnlichem/ ähnliches
OVG	Oberverwaltungsgericht
qm	Quadratmeter
RdE	Recht der Energie
Rdnr.	Randnummer
RGBl.	Reichsgesetzblatt
RL	Richtlinie
ROG	Raumordnungsgesetz
S.	Seite
SeeAnlV	See-Anlagen-Verordnung

sog.	sogenannte, -s, -n
SKE	Steinkohleeinheiten
SRÜ	Seerechtsübereinkommen
SUP	Strategische Umweltprüfung bei Plänen und Programmen
t	Tonne/Tonnen
TA-Lärm	Technische Anleitung Lärm
UP	Umweltprüfung für Pläne und Programme
UPR	Umwelt- und Planungsrecht
Urt.	Urteil
UVP	Umweltverträglichkeitsprüfung
UVPG	Gesetz über die Umweltverträglichkeitsprüfung
Var.	Variante
v.	von/ vom
VBlBW	Verwaltungsblätter für Baden-Württemberg
VerfGH	Verfassungsgerichtshof
VG	Verwaltungsgericht
VGH	Verwaltungsgerichtshof
Vgl./vgl.	Vergleich/ vergleiche
WaStrG	Bundeswasserstraßengesetz
WG B-W	Wassergesetz Baden-Württemberg
WHG	Wasserhaushaltsgesetz
WKA	Windkraftanlage
WEA	Windenergieanlage
ZfBR	Zeitschrift für deutsches und internationales Baurecht
ZNER	Zeitschrift für Neues Energierecht
ZUR	Zeitschrift für Umweltrecht

A. Einleitung

Verschiedene Energiekrisen haben insbesondere unter Berücksichtigung der derzeitigen politischen Weltsituation gezeigt, dass die Energiesicherheit in der Politik eine Prioritätenstellung einnehmen muss.[1] Dabei sind langfristige Risiken der Versorgungssicherheit unter Berücksichtigung des Einflusses von Umweltpolitik und der Beachtung der Reservesituation der jeweiligen Energieart zu prüfen. Ein weiterer zu lösender Zielkonflikt besteht zwischen Umweltschutz und Wettbewerb.[2] Schon die Auswahl dieser Kriterien weist darauf hin, dass sich letztlich zwei Gruppen der Energiegewinnung gegenüberstehen, nämlich die Nutzung regenerativer und fossiler Energien.

Als regenerativ werden Energiequellen bezeichnet, die sich stets erneuern, man spricht auch von erneuerbaren Energien. Obwohl die erneuerbaren Energien, wie Wasserkraft, Bioenergie, Windkraft, Solarenergie, Erdwärme und Meerestechnologie gegenüber den fossilen Energien den Vorteil bieten, dass sie praktisch in unendlicher Menge vorhanden sind, wird der weitaus größte Teil des Energieverbrauchs immer noch durch fossile Energieträger abgedeckt. Die Ausnutzung der erneuerbaren Energien ist aufgrund der gegenüber den fossilen Energielieferanten geringeren wirtschaftlichen Wettbewerbsfähigkeit noch beschränkt. Der Schutz der Umwelt und dabei insbesondere die Folgen der Klimaveränderungen durch das Ansteigen der CO_2-Emissionen stellen jedoch im Hinblick auf die Nutzung fossiler Energien Aufgaben dar, die nicht kurzfristig zu lösen sind. Das bedeutet, dass bei der Lösung dieser Aufgaben nicht mit einem auf die Wirtschaftlichkeit beschränkten Blick vorgegangen werden darf. Stattdessen müssen langfristige Strategien entwickelt werden. Darunter sind Maßnahmen und Handlungen von Regierung und Energieunternehmen zu verstehen, die auch nach einer Verbesserung der Wirtschaftlichkeit erneuerbarer Energien und Förderung der Energietechnologien und ihrer Anwendung verlangen.[3]

Der Weltmarkt für regenerative Energietechniken befindet sich auf einem kontinuierlichen Wachstumspfad.[4] Führend ist dabei der globale Wind- und Solarmarkt mit hohen jährlichen Steigerungsraten. In der Bundesrepublik Deutschland konzentriert sich die Nutzung regenerativer Energien auf den Stromsektor. Durch den verstärkten Ausbau der Windenergienutzung kam es in den letzten Jahren deutschlandweit zu einer deutlichen Steigerung der aus Windkraft gewonnenen Energie.

---

[1] Steeg, RdE 2002, 235 ff., 236.
[2] Zimmer, DÖV 2002, 201 ff., 201.
[3] Steeg, RdE 2002, 235 ff., 240.
[4] Allnoch, ET 2000, 344 ff., 344 f.

Bei der Erzeugung von Strom aus Windenergie entstehen keine Emissionen, wie zum Beispiel Kohlendioxid-, Luftschadstoff- oder Abwärmebelastung. Der Windenergienutzung kommt deswegen im Hinblick auf die Belange der Luftreinhaltung, des Klimaschutzes und der Ressourcenschonung steigende Bedeutung zu.[5] In diesem Sinne trägt die Windkraftnutzung unter Beachtung des Freiraumschutzes und der Belange des Naturschutzes, der Landschaftspflege und anderer Umweltbelange wesentlich zum Erhalt der natürlichen Lebensgrundlagen bei.[6] Zudem stellt die Windkraft nach der Wasserkraft eine regenerative Energiequelle dar, die insbesondere an windgünstigen Standorten an der Küste der Wirtschaftlichkeit am nächsten kommt. Durch den technischen Fortschritt und die Verbesserung der Wirtschaftlichkeit sowie durch das Stromeinspeisungsgesetz hat die Windenergie inzwischen auch im Binnenland an Attraktivität gewonnen. So existieren in Bayern zahlreiche kleinere Gebiete mit für Windkraftanlagen ausreichenden Windgeschwindigkeiten. Angesprochen sind dabei vor allem die Höhenlagen der Mittelgebirge (Rhön, Ausläufer des Thüringer Waldes, Fichtelgebirge, Oberpfälzer Wald, Böhmerwald, Bayerischer Wald, Ausläufer der schwäbischen Alp, Fränkische Alp), das voralpine Hügelland und der Alpenhauptkamm.[7]

Bei der Förderung des Ausbaus der Nutzung regenerativer Energien hat die Raumordnung und Landesplanung sowie die kommunale Bauleitplanung eine tragende Rolle inne: Sie schafft an geeigneten Standorten die Voraussetzungen für die Nutzung regenerativer Energiequellen. Im Hinblick auf die Windenergie hat die raumordnungs- und baurechtliche Planung einerseits die Aufgabe, der Nutzung der Windkraft Möglichkeiten zu eröffnen, zum anderen hat sie dafür Sorge zu tragen, negative Umweltauswirkungen als Folgen der Windenergienutzung schon im Vorfeld zu erkennen und abzuwägen. Zu einem großen Teil obliegt es den Planungsträgern, inwieweit Deutschland seine Vorreiterstellung auf dem Gebiet der Windenergienutzung für die Stromerzeugung bewahren und ausbauen kann, ohne „verspargelt" zu werden oder in ein Land der Windkraftanlagenbefürworter und –gegner gespalten zu werden. Die Raumordnung und Landesplanung übt dabei durch die Bestimmung und somit durch die grundsätzliche Verfügbarmachung von Standorten für Windenergieanlagen einen erheblichen Einfluss aus. So hat auch der Bundestagsausschuss für Raumordnung, Bauwesen und Städtebau bereits klargestellt, dass die Windenergie einen wichtigen positiven Beitrag zum Klimaschutz leisten könne und deshalb die pla-

---

[5] Windenergieerlass NRW, Grundsätze für Planung und Genehmigung von Windenergieanlagen.
[6] Windenergieerlass NRW, Grundsätze für Planung und Genehmigung von Windenergieanlagen.
[7] Bayer. Staatsministerium (Hrsg.), Bayer. Solar- u. Windatlas, S. 34.

nungsrechtlichen Voraussetzungen geschaffen werden müssten, um der Windenergie eine Chance zu geben.[8]

Im Rahmen der vorliegenden Arbeit wird untersucht, welche Rolle der Raumordnung- und Landesplanung beim Ausbau der Nutzung der Windenergie in der Bundesrepublik Deutschland zukommt. In diesem Zusammenhang wird zunächst auf die energiewirtschaftlichen Aspekte der Nutzung erneuerbarer Energien und insbesondere der Errichtung von Windenergieanlagen eingegangen. Dabei werden die Gründe aufgeführt, die für, beziehungsweise gegen eine Errichtung von Windenergieanlagen sprechen. Ferner werden die sich für die Windenergienutzung in der Bundesrepublik Deutschland bietenden Möglichkeiten unter Berücksichtigung der beeinflussenden Aspekte dargestellt.

---

[8] Beschlussempfehlung und Bericht des Ausschusses für Raumordnung, Bauwesen und Städtebau (18. Ausschuss), BT-Dr. 13/4978, S. 8.

B. Energiewirtschaftliche Aspekte

Die Sicherung einer ausreichenden Energieversorgung wurde vom Bundesverfassungsgericht als ein Gemeinschaftsinteresse höchsten Ranges qualifiziert.[9] Dabei ist umstritten, ob die Energieversorgung eine originär staatliche Aufgabe darstellt. Aufgrund der zentralen Stellung, die der Energieversorgung im Hinblick auf das Funktionieren eines hoch industrialisierten Staates wie der Bundesrepublik Deutschland zukommt, ist aber jedenfalls von einer besonderen Verantwortlichkeit des Staates für diesen Wirtschaftszweig auszugehen.[10]

Im Zusammenspiel mit dem geplanten Ausstieg aus der Atomenergie Deutschlands ist im Rahmen der Energieversorgung der gesteigerte Ausbau und die vermehrte Nutzung erneuerbarer Energien anzustreben, um eine ausreichende Energieversorgung auch für die Zukunft sicherstellen zu können. Bisher wurde vor allem die Wasserkraft als regenerative Energiequelle genutzt. Nachdem im Rahmen eines weiteren Ausbaus der erneuerbaren Energien die Steigerung der Energiegewinnung aus Wasserkraft nach derzeitigem Stand der Technik nur noch sehr eingeschränkt möglich sein wird,[11] ist ein verstärkter Ausbau der Windenergie nahe liegend. Denn die Windenergie ermöglicht im Vergleich mit den übrigen zur Verfügung stehenden erneuerbaren Energiequellen nach der Wasserkraft die wirtschaftlichste Nutzung.

I. Völkerrechtliche Verpflichtungen

Der weltweite Energieverbrauch liegt derzeit bei etwa 15 Mrd. t SKE. Bis zum Jahr 2060 rechnet man mit einem Anstieg des Verbrauchs auf ungefähr 30 Mrd. t SKE.[12] Die Problematik bei der erwarteten Steigerung des Verbrauchs liegt in der damit verbundenen Steigerung des CO_2–Ausstoßes. Diese nachteilige Folge des wachsenden Energieverbrauchs könnte durch die vermehrte Nutzung Erneuerbarer Energien begrenzt werden.

In der EU-Richtlinie zur Förderung der Erneuerbaren Energien[13] wurden für den Strombereich die Grundlagen geschaffen, den Anteil der erneuerbaren Energien am gesamten EU-Energieverbrauch bis 2010 auf 12 Prozent zu verdoppeln. Zur Erreichung dieses Ziels wurden für alle Mitgliedstaaten indikative Richtziele für

---

[9] BVerfGE 66, 248 ff., 258.
[10] Jarass, Wirtschaftsverwaltungsrecht, § 17, Rdnr. 3.
[11] Dazu: Tettinger, in Dolde (Hrsg.), S. 949 ff., S. 954.
[12] Bayer. Staatsministerium (Hrsg.), Erneuerbare Energien in Bayern, S. 4.
[13] Richtlinie 2001/77/EG des Europäischen Parlaments und des Rates zur Förderung der Stromerzeugung aus erneuerbaren Energiequellen im Elektrizitätsbinnenmarkt vom 27.09.2001 (Amtsblatt der Europäischen Gemeinschaften vom 27.10.01, L 283/33 ff.).

den Anteil der erneuerbaren Energien am Stromverbrauch festgelegt. Der Anteil der erneuerbaren Energien an der Stromproduktion der gesamten EU soll danach von knapp 14 Prozent im Jahr 1997 auf ca. 22 Prozent im Jahr 2010 steigen. Dabei überlässt es die Richtlinie den Mitgliedstaaten, welche Instrumente sie zur Erreichung ihres jeweiligen Ziels einsetzen. In der Bundesrepublik Deutschland wurde als Ziel in § 1 EEG festgesetzt, „den Anteil erneuerbarer Energien am gesamten Energieverbrauch bis zum Jahr 2010 mindestens zu verdoppeln."

Gerade die Stromerzeugung ist in Deutschland mit einem 37-Prozentanteil der größte CO_2-Emittent.[14] Da die Bundesrepublik Deutschland sich völkerrechtlich verpflichtet hat, den CO_2-Ausstoß bis zum Jahr 2010 um 21 Prozent im Vergleich zum Ausgangsjahr 1990 zu reduzieren[15] und der Ausbau der Nutzung der Wasserenergie bereits an seine Grenzen gestoßen ist, bietet die Nutzung der Windenergie ein geeignetes Instrument der weiteren Reduzierung des CO_2-Ausstoßes auf dem Stromsektor. Die insoweit bestehenden Verpflichtungen der Bundesrepublik Deutschland aus dem Kyoto-Protokoll[16] konnte die Bundesrepublik bereits weitgehend erfüllen. So wurden die Treibhausgasemissionen in Deutschland zwischen 1990 und dem Jahr 2000 bereits um 18 Prozent gesenkt.[17] Einen nicht unerheblichen Beitrag hierzu erbrachte die gesteigerte Nutzung der Windenergie: Durch die 1999 bereits bestehenden 7.000 Windenergieanlagen konnten der Umwelt jährlich mindestens fünf Millionen Tonnen CO_2 erspart werden, obwohl die zu diesem Zeitpunkt bestehenden Anlagen nur ein Prozent des in Deutschland verbrauchten Stroms erzeugten. Wie groß die Einsparungen hinsichtlich des CO_2-Ausstoßes in diesem Bereich aber tatsächlich sein könnten, zeigt sich in Potentialstudien, nach denen eine Stromerzeugung durch Windkraftanlagen in Höhe von 20 bis 30 Prozent des derzeitigen Stromverbrauchs möglich sein soll.[18]

Auch wenn der Gesetzgeber versucht, den Zielvorgaben der völkerrechtlichen Verträge schnellst- und bestmöglich nachzukommen, so zum Beispiel durch die Privilegierung der Windenergieanlagen in § 35 Abs. 1 Nr. 6 BauGB, bestimmt das Kyoto-Protokoll keine konkreten innerstaatlichen Umsetzungsstrategien und gewährleistet somit nicht eine bestmögliche Förderung der Windenergie. Quantitative Zielvorgaben in Gestalt vertraglich vereinbarter Richtwerte als

---

[14] Tigges/Berghaus/Niedersberg, NVwZ 1999, 1317 ff., 1317.
[15] Tigges/Berghaus/Niedersberg, NVwZ 1999, 1317 ff., 1317.
[16] Der Bundestag hat am 22.03.2002 einstimmig die Ratifizierung des Kyoto-Protokolls beschlossen, dazu in: Umwelt 2002, S. 346 ff., 346, 348; Am 27.4.2002 hat der Bundestag dem Kyoto-Protokoll mit Vertragsgesetz zugestimmt (BGBl. II, 966).
[17] Sach/Reese, ZUR 2002, 65 ff., 72.
[18] Tigges/Berghaus/Niedersberg, NVwZ 1999, 1317 ff., 1317.

Abwägungskriterien in der Planung erlangen deswegen nur richtungsweisende Bedeutung.

Ähnlich wie mit dem Kyoto-Protokoll verhält es sich mit der Richtlinie 2001/77/EG: Auch die Richtlinie überlässt es den Mitgliedstaaten, „geeignete Maßnahmen" zu ergreifen um die Steigerung des Verbrauchs von Strom aus erneuerbaren Energiequellen entsprechend den nationalen Richtzielen zu fördern. Die Richtlinie soll das ungestörte Funktionieren der unterschiedlichen nationalen Förderungssysteme gewährleisten und dadurch das Vertrauen der Investoren erhalten, bis ein gemeinschaftlicher Rahmen für den Markt für erneuerbare Energiequellen geschaffen worden ist. Die Richtlinie selbst macht jedoch keine verbindlichen Vorgaben für die einzelnen Bundesländer hinsichtlich des jeweiligen Beitrags zur Erreichung des nationalen Richtziels.[19]

II. Zusammenspiel von Raumplanung, Umwelt und Energie

Die Raumplanung nach dem Raumordnungsgesetz des Bundes und den Planungsgesetzen der Länder nimmt auch Einfluss auf den Umweltschutz.[20] So legt § 1 Abs. 2 Satz 1 ROG als Leitvorstellung eine nachhaltige Raumentwicklung fest, die die sozialen und wirtschaftlichen Ansprüche an den Raum mit seinen ökologischen Funktionen in Einklang bringt und zu einer dauerhaften, großräumigen Ordnung führt. Dabei sind nach § 1 Abs. 2 Satz 2 Nr. 2 ROG die natürlichen Lebensgrundlagen zu schützen und zu entwickeln. Daneben ist die Verknüpfung der Raumordnung mit der Umweltpolitik im Rahmen der Ressortverteilung der Ministerien auf Landesebene wahrzunehmen.[21] Umweltschutz ist nicht auf Überwachungs- und Lenkungs- beziehungsweise Förderungs- und Durchsetzungsinstrumente begrenzt, sondern umfasst auch die weitergehende Umweltplanung, die der vorausschauenden Bewältigung von Umweltproblemen dient.[22] Zu unterscheiden ist zwischen der „politischen" und der verwaltungsrechtlichen Planung. Zur verwaltungsrechtlichen Planung gehört die Bauleitplanung ebenso wie die überörtliche Planung und die Fachplanung. Der Umweltschutz ist innerhalb der raumbezogenen verwaltungsrechtlichen Planung ein Nebenziel.[23]

Umweltschutzbelange finden sich in den Grundsätzen der Raumordnung nach § 2 ROG. So setzt § 2 Abs. 2 Nr. 8 ROG naturschutzbezogene Grundsätze fest.

---

[19] BVerwG, Urteil v. 13.3.2003, NVwZ 2003, 738 ff., 740 f.
[20] Kloepfer, Umweltrecht, § 10, Rdnr. 1 ff.; Fiebig/Hinzen, Umweltschutz und Industriestandorte, 1980, S. 15 ff.
[21] Battis, in: FS für Schlichter, S. 185 ff., 185.
[22] Köck, UPR 2002, 321 ff., 321.
[23] Köck, UPR 2002, 321 ff., 322; Schmidt-Assmann, DÖV 1990, 169 ff., 170.

Insbesondere findet dort die Pflicht, Beeinträchtigungen des Naturhaushalts auszugleichen, ihre Grundlage. § 2 Abs. 2 Nr. 3 ROG enthält den Grundsatz der Erhaltung und Entwicklung der Freiraumstruktur, die in ihrer Bedeutung für funktionsfähige Böden, für den Wasserhaushalt, für die Tier- und Pflanzenwelt sowie das Klima zu sichern oder in ihrer Funktion wiederherzustellen ist. Wirtschaftliche und soziale Nutzungen des Freiraums sind unter Beachtung seiner ökologischen Funktionen zu gewährleisten. Daneben können die Länder weitere Grundsätze der Raumordnung nach § 2 Abs. 3 ROG aufstellen. Derartige Grundsätze finden sich für das Land Bayern in Art. 2 BayLplG. So ist nach Art. 2 Nr. 9 a BayLplG bei raumbedeutsamen Planungen und Maßnahmen darauf hinzuwirken, dass die Versorgung der Bevölkerung und der Wirtschaft mit preiswürdiger und möglichst umweltfreundlicher Energie sichergestellt und den Erfordernissen der Aufsuchung und Gewinnung heimischer Rohstoffvorkommen Rechnung getragen wird. Nach Art. 2 Nr. 12 Satz 1 und 2 BayLplG sind unvermeidbare wesentliche Beeinträchtigungen auf die Landschaft und das Gleichgewicht des Naturhaushalts durch landschaftspflegerische Maßnahmen möglichst auszugleichen.

Gewährte schon § 29 Abs. 2 BNatSchG a. F. den anerkannten Naturschutzverbänden die Möglichkeit der Verbandsbeteiligung in zahlreichen Planungsverfahren, so zum Beispiel in verschiedenen Bundesländern beim Erlass von Raumordnungsplänen und Raumordnungsverfahren, zur Wahrung des Naturschutzes und der Landschaftspflege auch im planerischen Abwägungsprozess,[24] so hat - im Rahmen der Neuerungen des Bundesnaturschutzgesetzes[25] - das Zusammenspiel zwischen Raumplanung und Umwelt eine noch deutlichere Verflechtung erfahren. Die Verbandsbeteiligung nach § 29 BNatSchG a. F. ist nunmehr in detaillierter Form geregelt in §§ 58 ff., 60 BNatSchG. § 29 BNatSchG a. F. ist nach § 70 Abs. 1 BNatSchG bis 3. April 2005 weiterhin für von den Ländern anerkannte oder anzuerkennende Vereine anzuwenden, solange die Länder im Rahmen des § 60 BNatSchG noch keine Vorschriften zur Erfüllung der sich aus Art. 75 Abs. 3 GG ergebenden Pflichten erlassen haben.

Ferner weisen auf das Zusammenspiel von Umwelt und Raumordnung im Bundesnaturschutzgesetz auch die Vorschriften unter Abschnitt 2 des Bundesnaturschutzgesetzes mit der Überschrift „Umweltbeobachtung, Landschaftsplanung" hin: So bestimmt beispielsweise § 14 Abs. 1 Satz 3 BNatSchG, dass auf die Verwertbarkeit der Darstellungen der Landschaftsplanung, deren Inhalt in § 13 BNatSchG festgelegt ist, für die Raumordnungspläne und Bauleitpläne Rücksicht zu nehmen ist. § 15 Abs. 1 Satz 2 BNatSchG bestimmt, dass die Ziele der Raumordnung bei der Darstellung im Landschaftsprogramm oder in Land-

---

[24] Wilrich, UPR 2000, 366 ff., 367.
[25] BGBl. I S. 1193.

schaftsrahmenplänen zu beachten und die Grundsätze und sonstigen Erfordernisse der Raumordnung zu berücksichtigen sind. Ebenso bestimmt dies § 16 Abs. 1 BNatSchG für die Landschaftspläne.

Das Zusammenspiel zwischen Umwelt und Raumordnung wird des weiteren deutlich in § 35 Satz 1 Nr. 2 BNatSchG. In den §§ 32 ff. BNatSchG wird die Vorgehensweise für die im Sinne des Natura 2000 Netzes aufzubauenden und zu schützenden Gebiete von gemeinschaftlicher Bedeutung und der europäischen Vogelschutzgebiete bestimmt. Da FFH- und Vogelschutzgebiete insbesondere als Naturschutz- oder Landschaftsschutzgebiete ausgewiesen werden, ist ein Einwirken auf die Ausweisung von Flächen für Windenergieanlagen, Zulässigkeit, Genehmigung und Errichtung von Windenergieanlagen und damit ein Zusammenspiel von Umwelt, Energie und Raumordnung, ersichtlich.

III. Zahlen und Daten zur Windenergie

1. Vorhandene Anlagen in Deutschland und Ausbaufähigkeit

Anfang des 19. Jahrhunderts waren noch ca. 20.000 Windmühlen auf deutschem Gebiet vorhanden; Im Gegensatz zu den heutigen Windenergieanlagen, die vor allem der Erzeugung von Strom dienen, wurden diese Windmühlen als Antriebsmaschinen für Mühlen und Sägewerke genutzt. Mitte der 30er Jahre gab es nur mehr ca. 5.000 Windmühlen.[26] Im Jahr 1987 waren sogar nur noch etwa 500 Anlagen in Deutschland vorhanden, von denen erst 46 an das öffentliche Energieversorgungsnetz angebunden waren.[27]

Bedingt durch die Reaktorkatastrophe von Tschernobyl, die zunehmende Diskussion über Klimaveränderung durch den ungebremsten Ausstoß von Kohlendioxid sowie durch die gesetzliche Subventionierung der Einspeisungsvergütung durch das Stromeinspeisungsgesetz von 1991 kam es zu einem Anstieg der in Betrieb befindlichen Anlagen.[28] Im Jahr 1993 waren 1.719 Anlagen, Ende 1994 schon 2.617 Windenergieanlagen in Betrieb. Im Jahr 1994 war somit bereits eine installierte Leistung von 643,1 MW vorhanden. 1999 wurde die Stromerzeugung aus Wind auf 5,9 Mrd. kWh gesteigert.[29]

Während zu Beginn der 90er Jahre global erst ungefähr 2.000 MW Windkraftleistung am Netz lagen und die Jahresneubaurate noch bei ca. 200-300 MW lag,

---

[26] Jarass, ET 1978, 357 ff.
[27] Niedersberg, S. 29.
[28] Niedersberg, S. 29.
[29] Allnoch, ET 2000, S. 344 ff.

stieg die weltweite Zubaurate im Jahr 1999 in diesem Bereich bereits auf rund 3.700 MW an, wovon 1.550 MW auf Deutschland entfielen.[30] Mit dieser Zubaurate hat Deutschland einen 42 Prozentanteil am Weltmarkt. Insgesamt stellt Europa derzeit den wichtigsten Wachstumsmarkt dar, wobei Deutschland marktführend ist. Allein im Jahr 2000 wurden in Deutschland 1.495 Windkraftanlagen mit einer Leistung von 1.665 MW errichtet, davon 24 in Bayern, mit einer Nennleistung von 69 MW.

Ende 2000 konnten 2,4 Prozent des Nettostromverbrauchs in Deutschland durch Strom aus Windenergienutzung gedeckt werden, dies entspricht einem potentiellen Jahresenergieertrag von 11,5 Milliarden kWh.[31] Die Küstenländer können zum Teil bereits 25 Prozent ihres Strombedarfs mit Windenergie decken.[32] So gibt es den größten Windstrom-Anteil bundesweit in Schleswig-Holstein: Dort können die vorhandenen 2.450 Anlagen, mit einer Leistung von insgesamt 1.700 MW, über 25 Prozent des Strombedarfs decken. Es folgen Mecklenburg-Vorpommern mit rund 20 Prozent und Sachsen-Anhalt mit ca. 15 Prozent. Das Land Niedersachsen kann mittlerweile rund zwölf Prozent seines Strombedarfs mit Strom aus Windkraftanlagen decken. Regional gibt es enorme Unterschiede beim Ausbau der Windenergie; Naturgegeben haben die windbegünstigten Küstenländer hier einen größeren Anteil. Insbesondere in den letzten Jahren konnte aber auch das Binnenland enorme Zuwächse verzeichnen.

Insgesamt erzeugten Ende 2001 in Deutschland 11.500 Windkraftanlagen 8.753,8 MW Strom.[33] Damit wurde das Jahr 2000 um 60 Prozent übertroffen.[34] Im Jahr 2002 kam es in Deutschland zu einer weiteren Steigerung. In den ersten neun Monaten des Jahres wurden 1.377 Windenergieanlagen mit einer Gesamtleistung von 1.888,8 MW neu errichtet. Gemessen am Zubau im gleichen Zeitraum des bisherigen Rekordjahres 2001 (1.399 MW von Januar bis September) bedeuten die knapp 1.900 MW des Jahres 2002 einen Zuwachs um rund 35 Prozent. Dadurch waren Ende September 2002 bundesweit bereits rund 12.800 Windkraftanlagen mit einer Gesamtleistung von rund 10.650 MW installiert, also nochmals über 20 Prozent mehr als Ende des Jahres 2001.[35] Bei der regionalen Verteilung der Windkraft-Leistung in Deutschland im Jahr 2002 bleibt Niedersachsen mit über 550 MW neu installierter Leistung führend.

---

[30] Allnoch, ET 2000, S. 344 ff.
[31] Bayerisches Staatsministerium (Hrsg.), Windenergienutzung in Bayern, S. 6.
[32] Bayerisches Staatsministerium (Hrsg.), Windenergienutzung in Bayern, S. 6.
[33] Clysters, Windmesse, http://windmesse.de/presse/00338.html; http://www.wind-energie.de/wissen; C. Ender, Windenergienutzung in der Bundesrepublik Deutschland - Stand 31.12.2001. DEWI-Magazin Nr. 20 (Februar 2002).
[34] http://www.wind-energie.de/wissen.
[35] www.windenergie.de.

Weltweit war Mitte 2002 eine Windkraft-Leistung von rund 26.500 MW installiert, davon rund 20.000 MW in Europa. Zu den führenden Ländern gehören nach Deutschland, wo bereits über 10.000 MW installiert sind, die USA mit 4.300 MW, Spanien mit 3.750 MW und Dänemark mit 2.600 MW. Insgesamt hat sich die weltweit installierte Windkraft-Leistung im ersten Halbjahr 2002 um rund 2.000 MW erhöht. Neue Studien gehen davon aus, dass bis zum Jahr 2006 weltweit eine Windkraft-Leistung von rund 80.000 MW installiert sein wird.[36]

J. P. Molly und C. Ender haben in einer Windenergie-Studie[37] über die Markteinschätzung der Windindustrie bis zum Jahr 2010 den möglichen Ausbau der Windenergie im On- wie im Offshorebereich in Deutschland bis zum Jahr 2030 prognostiziert. Die Prognose stützt sich auf Annahmen für die drei Marktbereiche, weiterer Ausbau an Land (Onshore), Repowering, das heißt Ersatz von Altanlagen durch moderne Großanlagen sowie dem Ausbau der Windenergienutzung auf See (Offshore). Der Ausbau der Offshore-Anwendung wurde für die Anfangsphase eher vorsichtig geschätzt, da noch einige Fragen unzureichend geklärt sind, wie beispielsweise die der Netzeinbindung der bis zum Jahr 2030 erwarteten rund 25.000 MW. Da beim Repowering kleinere Anlagen durch leistungsstärkere ersetzt werden, wären demnach im Jahr 2030 in der Bundesrepublik Deutschland insgesamt etwa 21.000 MW Onshore und 26.000 MW Offshore installiert. Mit den deutlich höheren Energieerträgen im Offshorebereich würden damit durchschnittlich mehr als 130 TWh Strom pro Jahr aus Windenergie erzeugt werden können, damit kämen, bezogen auf den heutigen elektrischen Energiekonsum in Deutschland, etwa 28 Prozent des Stroms aus der Windenergie.[38]

Im Zeitraum bis 2010, der sehr viel besser in der Entwicklung abgeschätzt werden kann, wird deutlich, dass der jährliche Ausbau in Deutschland in den nächsten Jahren weiter vorangeht, wenngleich das momentane Tempo mittelfristig nicht gehalten werden kann. Während in den nächsten ein bis zwei Jahren von mit dem Jahr 2001 vergleichbaren Umsätzen ausgegangen wird, ist der bezeichneten Studie zufolge ab etwa 2003 mit einer Sättigung des Marktes zu rechnen, so dass bereits im Jahr 2006 auf Land nur mehr mit einer Neuinstallation von ca. 800 MW gerechnet wird. Zusammen mit dem angenommenen Repowering von etwas über 120 MW und einer Offshore-Installation von 200 MW summiert sich der deutsche Markt dann im Jahr 2006 auf eine Neuinstallation von 1.120 MW. Unter diesen Voraussetzungen wären im Jahr 2006 ungefähr 19.000 MW onshore installiert. Dies entspricht etwas mehr als dem Zweifachen der am Jahresende 2001 erreichten 8.750 MW. Die Studie weist darauf hin, dass die Offshore-

---

[36] http://www.wind-energie.de/wissen.
[37] Molly/Ender, Windenergie-Studie 2002.
[38] http://www.wind-energie.de/wissen.

Entwicklung die Verlangsamung des Absatzes in den Jahren nach 2002 voraussichtlich nicht auffangen wird, da aufgrund technischer und genehmigungsrechtlicher Gründe ein massiver Offshore-Ausbau erst in der nächsten Dekade zu erwarten ist und erst ab 2010 mit dem heutigen deutschen Onshore-Markt vergleichbare Umsätze erzielt werden können.[39] Die Studie von J. P. Molly und C. Ender[40] beschäftigt sich darüber hinaus mit anderen möglichen, zukünftigen Einsatzgebieten der Windenergie: Während derzeit weitgehend der Netzparallelbetrieb, das heißt der Strom wird direkt in das öffentliche Verbund- und Verteilnetz eingespeist, dominiert, sind mittel- und langfristig auch andere Einsatzgebiete für die Windenergienutzung absehbar. Als Beispiele können diesbezüglich die Nutzung der Windenergie zur Wasserentsalzung, ihr Einsatz in kleinen, dieselelektrischen Netzen zur Treibstoffeinsparung oder zur Erzeugung von Wasserstoff genannt werden. Für die fernere Zukunft könnte eine Marktöffnung in einzelnen Regionen durch die großtechnische Produktion von Wasserstoff aus Windenergie erreicht werden.[41] Insgesamt ist somit festzuhalten, dass für die Windenergienutzung gute Entwicklungschancen bestehen.

2. Technische Daten

Windenergienutzung stellt eine indirekte Form der Sonnenenergienutzung dar,[42] denn durch die aufgrund der Sonneneinstrahlung bedingten Temperaturunterschiede entstehen ausgleichende Luftströmungen. Mit diesen Strömungen arbeiten Windenergieanlagen, indem die aerodynamisch geformten Rotorblätter den anströmenden Wind in einer Art Scheibensystem aufnehmen und so die Strömungsenergie an die Rotorblätter weitergeben.[43]

Die zu entziehende Windenergie wächst dabei quadratisch mit dem Rotordurchmesser und in der dritten Potenz mit der Windgeschwindigkeit.[44] Dadurch führt bereits eine Verdopplung des Rotordurchmessers zu einer Vervierfachung der zu erzielenden Energieausbeute. Verdoppelt sich die Windgeschwindigkeit so führt dies zu einer Verachtfachung der Leistung.[45] Diese enorme Abhängigkeit der Leistung einer Windkraftanlage von der jeweiligen Windhöffigkeit, also das Windauftreten unter Berücksichtigung von Stärke und Häufigkeit, macht die Wahl des Standorts zum wesentlichen Kriterium für den Energieertrag. Als Richtgröße dient das Jahresmittel der Windgeschwindigkeit, das in 10 m über

---

[39] http://www.wind-energie.de/wissen.
[40] Molly/ Ender, Windenergie-Studie 2002.
[41] Molly/Ender, Windenergie-Studie 2002.
[42] Niedersberg, S. 33.
[43] Büdenbender, Energierecht I, Rdnr. 1388; Niedersberg, S. 33.
[44] Heinloth, Die Energiefrage, Kapitel 7, S. 290; Holzbauer/Kolb/Roßwag, Kapitel 14, S. 253.
[45] Bayerisches Staatsministerium (Hrsg.), Bayerischer Solar-und Windatlas, S. 34.

Grund gemessen wird.[46] Nur bei hohen Mittelwerten ist die Errichtung von Windenergieanlagen sinnvoll: Nach heutigem Stand ist eine wirtschaftliche Nutzung einer Windenergieanlage erst ab einer mittleren Windgeschwindigkeit von ca. 4 m/s in 10 m Höhe möglich.[47]

Moderne Windenergieanlagen haben mit den früher vorherrschenden Blockwindmühlen nicht mehr viel gemeinsam. Frühere Anlagen arbeiteten mit dem Widerstandsprinzip, das heißt es wurde lediglich der Luftwiderstand der Flächen zur mechanischen Arbeit benutzt. Im Gegensatz dazu verwenden moderne Anlagen fast ausschließlich das Auftriebsprinzip. Das Auftriebsprinzip bringt im Vergleich zum Widerstandsprinzip eine wesentlich höhere Leistung und ermöglicht so erst die Stromerzeugung aus Windenergie.[48] Die Auftriebskraft entsteht in Drehrichtung durch die spezielle Formung der Rotorblätter.[49] Bei den modernen Anlagen wird der anströmende Wind anhand des obigen Verfahrens aufgenommen und über einen Generator in elektrische Energie umgesetzt. Die Energieübertragung von den Rotorblättern zum Stromgenerator erfolgt durch ein entsprechendes Getriebe. Nach der Befestigungsrichtung der Rotorachse unterscheidet man zwischen Horizontal- und Vertikalläufern.[50] Grundsätzlich werden überwiegend Horizontalläufer betrieben. Der Horizontalachsenkonverter kann je nach Bauart bis zu fünf Flügel haben. Generator und Getriebe befinden sich in der Gondel, die drehbar auf dem Mast gelagert ist. Ein Seitenrad oder ein Elektromotor halten die Rotoren in Windrichtung. Beim Vertikalkonverter ist der Generator am Boden angebracht. Der Vertikalkonverter ist allerdings weniger ertragreich als der Horizontalläufer und benötigt zudem eine Anlaufhilfe.[51] Es gibt Schnell- und Langsamläufer bei den Windenergieanlagen. Moderne dreiflügelige Windkraftanlagen gehören zu den Schnellläufern. Dreiflügler laufen optisch und akustisch ruhiger als Einflügler und sind deshalb umweltverträglicher.[52] Dieser Aspekt erlangt vor allem bei der Frage der bauordnungsrechtlichen Zulässigkeit Bedeutung. Die Rotorblätter werden heute überwiegend aus Glasfasern oder Kohlefasern, unter Zugabe von Epoxid- und Polyesterharzen hergestellt. Man arbeitet derzeit bereits an der Entwicklung für die Herstellung aus Naturfasern. Nach wie vor erfolgt die Herstellung fast ausschließlich in Handarbeit.[53]

---

[46] Bayerisches Staatsministerium (Hrsg.), Bayerischer Solar-und Windatlas, S. 35.
[47] Bayerisches Staatsministerium (Hrsg.), Bayerischer Solar-und Windatlas, S. 34.
[48] Bayer. Staatsministerium (Hrsg.), Erneuerbare Energien in Bayern, S. 42.
[49] Niedersberg, S. 34.
[50] Niedersberg, S. 34.
[51] Bayer. Staatsministerium (Hrsg.), Erneuerbare Energien in Bayern, S.42.
[52] Niedersberg, S. 35.
[53] Niedersberg, S. 36.

Für die Leistungsausbeute einer Windkraftanlage ist neben dem Standort und dem damit verbundenen Windaufkommen der Rotordurchmesser, die Turmhöhe, die Nennleistung des Generators und die Effizienz der elektrischen Energiewandlung von großer Bedeutung.[54] Gerade der Rotordurchmesser und die Turmhöhe wirken sich dabei auch auf die Genehmigungsfähigkeit der Anlage aus.

IV. Standortanalysen und Leistung einer Windkraftanlage

Eine moderne Windkraftanlage der Megawatt-Klasse hat eine Nennleistung von 1,5 Megawatt und einen Rotordurchmesser von 70 Metern. An einem durchschnittlichen Standort erzeugt solch ein Windrad rund 3,5 Mio. KWh Strom jährlich – genug Energie für 1.000 Vier-Personen-Haushalte.[55]

Maßgeblich für den Ertrag einer Windenergieanlage ist unter anderem die Windhöffigkeit des anvisierten Standorts. Als Hauptkennzeichen dafür dient die auf das Jahr bezogene durchschnittliche Windgeschwindigkeit.[56] Die Messwerte der Windgeschwindigkeit beziehen sich in der Regel auf die Messhöhe von 10 m über Grund. Indem man die Messwerte durch Extrapolation auf beliebige Höhen umrechnet, ist ein Vergleich der für einen Standort zutreffenden mittleren Jahreswindgeschwindigkeitswerte möglich. Ein Vergleich dieser Werte in 10 m, 30 m und 50 m hat gezeigt, dass eine zunehmende Extrapolationshöhe zwar zu steigenden Windgeschwindigkeiten führt, die Steigerungsrate sich jedoch in zunehmender Höhe verringert. Daneben zeigt der Vergleich, dass geländespezifische Faktoren mit zunehmender Höhe an Einfluss verlieren und der Einfluss einzelner, großer Hindernisse in der Höhe schneller ausgedämpft wird, als zum Beispiel der Einfluss großer Städte.[57] Dies sind Aspekte, die nicht erst bei der konkreten Planung einer Windenergieanlage durch ihren Betreiber zu beachten sind, sondern die schon bei der Suche nach geeigneten Standorten für die Nutzung der Windenergie in Raumordnung und Landesplanung, wie auch in der Bauleitplanung Berücksichtigung finden müssen.

Um optimale Bedingungen zu finden werden Standortgutachten anhand von Standort- und Umgebungsparametern erstellt. Dabei werden zunächst Standortbereiche ermittelt, die aufgrund ihrer Windverhältnisse überhaupt für die Errichtung von Windkraftanlagen geeignet sind. Im Weiteren erfolgt eine Überprüfung im Hinblick auf die Raumverträglichkeit indem Ausschlusskriterien fest-

---

[54] Bayer. Staatsministerium (Hrsg.), Erneuerbare Energien in Bayern, S. 42.
[55] http://www.wind-energie.de/wissen.
[56] Bayerisches Staatsministerium (Hrsg.), Bayerischer Solar- und Windatlas, S. 48.
[57] Bayerisches Staatsministerium (Hrsg.), Bayerischer Solar-und Windatlas, S. 48.

gelegt werden.[58] In Betracht kommende Ausschlusskriterien sind unter anderem der einzuhaltende Abstand zu Siedlungen, die Überschneidung mit Freizeitanlagen oder ähnlichen Vorhaben im Außenbereich, Abstände zu Straßen und Eisenbahntrassen, zu Hochspannungsleitungen und Richtfunktrassen, Abstände zu Naturschutzgebieten, zu flächenhaften Naturdenkmalen, der Bauschutzbereich von Flughäfen und Flugplätzen, der Schutzbereich von militärischen Anlagen, Vogelzug-, Vogelbrut- sowie Vogelschutzgebiete und einzuhaltende Abstände zu Biotopen und FFH-Gebieten.

Im Anschluss an das Standortgutachten wird eine Beurteilung nach Abwägungskriterien vorgenommen. Darunter fallen die Wasserschutzgebiete der Zone III, Landschaftsschutzgebiete, Naturparks, Sicherungsbereiche für Erholung, schutzbedürftige Bereiche für die Bodenerhaltung und Landwirtschaft, Sicherungsbereiche für oberflächennahen Rohstoffabbau, Abstände zu Aussiedlerhöfen und Wohnplätzen, Netzanbindung und Landschaftsbild.[59] In die Abwägungsentscheidung auf Regionalebene können dabei auch bereits Wünsche und Vorstellungen der betroffenen Gemeinden mit einbezogen werden. Durch die Errichtung von Vorranggebieten in Kombination mit Eignungsgebieten kann eine grundsätzliche Eignung der Standorte ausgewiesen werden und der Gemeinde dennoch im Rahmen der Flächennutzungsplanung ein Abwägungsspielraum überlassen bleiben.[60]

Als Hilfsmittel für die Standortanalysen werden digitale kartografische Raumordnungsinformationssysteme herangezogen. Sachsen-Anhalt hat in seinem Landesplanungsgesetz festgelegt, dass ein digitales, automatisiertes Raumordnungskataster im Maßstab 1:25.000 zu führen ist. Dieses automatisierte Raumordnungskataster bildet gemeinsam mit dem Planungsatlas zur Erstellung digitaler thematischer Planungskarten das kartografische Raumordnungsinformationssystem. Darin werden alle raumbeeinflussenden und raumbeanspruchenden Planungen und Maßnahmen sowie sonstige raumbezogene Aussagen geführt, die für die Entscheidungen der Landesplanungsbehörden von Bedeutung sind. Das Land Sachsen-Anhalt hat die Eignungsgebiete für Windenenergieanlagen unter Einbeziehung dieser kartografischen Hilfsmittel festgelegt.[61]

Als erster Anhaltspunkt für die Ertragsaussichten einer zu errichtenden Windenergieanlage kann in Bayern der Bayerische Solar- und Windatlas[62] herangezogen werden. Er enthält Übersichts- und Detailkarten. Darin sind die örtlichen

---

[58] Stüer, Der Bebauungsplan, Rdnr. 968.
[59] Stüer, Der Bebauungsplan, Rdnr. 969.
[60] Stüer, Der Bebauungsplan, Rdnr. 969.
[61] Bauch, Seiler, ArcAktuell Extra, S. 1
[62] Bayerisches Staatsministerium (Hrsg.), Bayerischer Solar- und Windatlas.

Windgeschwindigkeiten aller Standorte Bayerns detailliert auf Karten dargestellt. Die dem Solar- und Windatlas zugrunde gelegten Werte stammen aus vorgenommenen Standortanalysen, die anhand geographischer Informationssysteme gewonnen werden. Eine genaue Feststellung des jeweils zu erwartenden Windenergieertrags erfordert jedoch die Erstellung spezifischer Windgutachten. Insbesondere besagt die mittlere Jahresgeschwindigkeit allein noch nichts über den an einem bestimmten Standort zu erwartenden Energieertrag. Da die Windgeschwindigkeit mit der dritten Potenz in die Leistung eingeht, wird die mit einer Windkraftanlage nutzbare Energie auch durch die Auftrittshäufigkeit der unterschiedlichen Windgeschwindigkeiten am Aufstellungsort im Jahresverlauf in hohem Maß beeinflusst. Standorte mit gleichem Jahresmittel können sich aus diesem Grund ertragsmäßig je nach Verteilung der Auftrittshäufigkeit ganz erheblich unterscheiden.[63] Schwierig ist deswegen vor allem die Prognose des zu erwartenden Ertrags für das Binnenland aufgrund der komplexeren Geländestruktur und des spezifischen Lokalklimas.

V. Standortfaktoren und Perspektiven

Für den Betreiber einer Windenergieanlage ist vor deren Errichtung sowohl die voraussichtliche Wirtschaftlichkeit der Anlage als auch ihre bauplanungsrechtliche Zulässigkeit von Interesse. Bedingt durch die technische Weiterentwicklung entstehen immer mehr Nutzungsmöglichkeiten des vorhandenen Windpotentials und somit auch immer mehr grundsätzlich geeignete Standorte. Deshalb rückt die Koordinierung möglicher Standorte durch öffentliche Planungen zunehmend ins Blickfeld.[64] Zu den Standortfaktoren gehören neben der angesprochenen Windhöffigkeit eines Gebiets auch die Höhe der staatlich garantierten Mindestvergütung nach dem Stromeinspeisungsgesetz und die Höhe der direkten staatlichen Zuwendungen.[65]

Es scheint zunächst, als ob Windkraftanlagen trotz ihrer Umweltfreundlichkeit die konventionellen Kraftwerke nicht ersetzen könnten, da Wind nur unregelmäßig auftritt.[66] Solange man deshalb nicht in der Lage ist, den Strom auf wirtschaftliche Art in irgendeiner Form speichern zu können, sind deshalb immer auch konventionelle Kraftwerke erforderlich, um eine ausreichende Stromversorgung zu jeder Zeit gewährleisten zu können. Allerdings ist im Rahmen dieser Überlegungen zu berücksichtigen, dass die inzwischen europaweit angewandte Verbundnetztechnik es erlaubt, Überkapazitäten einerseits und größeren Ener-

---

[63] Bayerisches Staatsministerium (Hrsg.), Windenergienutzung in Bayern, S. 7.
[64] Holz, NWVBl. 1998, 82 ff., 82.
[65] Holz, NWVBl. 1998, 82 ff., 82.
[66] Heinloth, Die Energiefrage, Kapitel 7, S. 293.

giebedarf an anderer Stelle über weite Entfernungen weg auszugleichen.[67] Somit verliert die bisherige Argumentation, nach der die Windenergie keine Alternative zur konventionellen Energiegewinnung darstellen kann – insbesondere im Hinblick auf den weiteren Ausbau auch der diversen weiteren regenerativen Energiegewinnungsarten – zunehmend ihre Grundlage.

Der derzeitige Beitrag der Windenergie zur Stromversorgung Deutschlands ist mit drei bis vier Prozent noch sehr gering. Jedoch stellt die Windenergienutzung in Zusammenspiel und Ergänzung mit den anderen regenerativen Energien durchaus eine Alternative mit einer relevanten Größe im Vergleich zu den konventionellen Kraftwerken dar. Zu berücksichtigen ist insbesondere die vorhergesagte Ausbaufähigkeit einer Stromversorgung durch Windenergie in Höhe von 20 bis 30 Prozent.[68] Langfristig ist die Nutzung der Windenergie deshalb unverzichtbar.[69] Aufgrund der weiteren erforderlichen Reduzierung des Kohlendioxidausstoßes in der Bundesrepublik Deutschland und wegen des für Deutschland geplanten Ausstiegs aus der Atomenergie[70] ist ein weiterer Ausbau der Windkraftnutzung erforderlich. Zudem ist die Förderung der Nutzung regenerativer Energien - aufgrund ihrer Wirtschaftlichkeit insbesondere der Windenergie - deshalb notwendig, weil das Ende der fossilen Energieressourcen bereits abzusehen ist. Gleichzeitig wird die Windkraftnutzung durch die stetige technische Entwicklung auch im Binnenland immer attraktiver.

Um den Einflüssen der Windenergienutzung auf die Umwelt, das heißt die mit dieser Form der Energiegewinnung einhergehenden Belastungen für die Umwelt Herr zu werden sowie um eine sogenannte Verspargelung der Landschaft zu vermeiden und diese Problematik nicht allein auf die Gemeinden als Genehmigungsbehörden abzuwälzen, hat eine umfassende Planung schon auf der Ebene der Raumordnung und Landesplanung zu erfolgen. Auf die Möglichkeiten der Standortsteuerung von Windenergieanlagen auf Ebene der Raumordnung und Landesplanung soll im folgenden Kapitel eingegangen werden.

---

[67] Stüer/Vildomec, BauR 1998, 427 ff., 436.
[68] Tigges/Berghaus/Niedersberg, NVwZ 1999, 1317 ff., 1317.
[69] Weißbuch Energie, S. 117.
[70] Vgl. zum Atomausstieg der BRD die Vereinbarung zwischen der Bundesregierung und den EVU v. 14.6.00, abgedruckt in: NVwZ 2000, Beilage Nr. IV/2000 (Heft 10).

C. Steuerung der Ansiedlung von Windenergieanlagen

Es stehen zwei Wege offen, um die Standorte von Windkraftanlagen planerisch zu beeinflussen: Es besteht die Möglichkeit auf Kommunalebene im Rahmen der Bauleitplanung tätig zu werden oder bereits auf landesplanerischer Ebene durch Erarbeitung von Konzepten mit den Zielen der Raumordnung planerisch einzugreifen. Welcher Planung im Einzelfall der Vorzug zu geben ist, hängt von der Geeignetheit der Räume für die Windenergienutzung und der davon beeinflussten Zahl von Baugenehmigungsanträgen ab.[71] So wurde beispielsweise in Nordrhein-Westfalen, bis auf den Regierungsbezirk Münster, eine Steuerung vor allem durch die kommunale Bauleitplanung vorgenommen. Dagegen wurde in für die Windenergienutzung besonders interessanten Gebieten, wie Mecklenburg-Vorpommern und Schleswig-Holstein, in denen naturgemäß wesentlich mehr Bauanträge für Windenergieanlagen gestellt werden, die Ansiedlung von Windenergieanlagen über die Aufstellung beziehungsweise über die Fortschreibung der Regionalpläne gesteuert.[72]

Die kontroversen Diskussionen um Windenergieanlagen zeigen das Bedürfnis der Öffentlichkeit nach einer Steuerung von deren Errichtung. Die gesetzlichen und rechtlichen Ausgangspunkte für diese Steuerung haben sich in den letzten Jahren mehrmals geändert.

Bereits im Jahr 1994 strebte der Bundestag die verstärkte Nutzung regenerativer Energien an, um den CO_2-Ausstoß verringern zu können. Nachdem durch das Stromeinspeisungsgesetz schon eine Steigerung des Ausbaus von Windenergieanlagen begonnen hatte, sollte diese Tendenz durch ein geändertes Planungsverfahren im weiteren noch unterstützt werden.[73]

Während das Bundesbauministerium eine Außenbereichsprivilegierung nach § 35 Abs. 1 Nr. 4 BauGB a. F. annahm, weil die Windenergieanlagen der öffentlichen Versorgung mit Elektrizität dienten,[74] verneinte das Bundesverwaltungsgericht mit Urteil vom 16.6.1994 die Privilegierung,[75] indem es den strengen Außenbereichsschutz des § 35 BauGB herausstellte. Das Bundesverwaltungsgericht stellte in diesem Verfahren auf das Erfordernis der Ortsgebundenheit der Windkraftanlagen ab; würde in diesem Zusammenhang der Gesichtspunkt der Windhöffigkeit für die Bejahung von Ortsgebundenheit ausreichen um

---

[71] Runkel, DVBl. 1997, 275 ff., 275.
[72] Rühl, UPR 2001, 413, 416; Runkel, DVBl. 1997, 275 ff., 275.
[73] Gesetzesbeschluss des BT v. 23.6.1994, BR-Drs. 646/94 v. 24.6.1994.
[74] Stellungnahme des BMBau gegenüber dem Oberbundesanwalt im Verfahren vor dem BVerwG, Urt. v. 16.6.1994, UPR 1994, 439.
[75] BVerwG, Urt. v. 16.6.1994, UPR 1994, 439.

den von § 35 Abs. 1 Nr. 4 BauGB 1996 geforderten Standortbezug herzustellen, so könnten „Windkraftanlagen in Deutschland weithin im Außenbereich errichtet werden". Dies würde dem Ziel der größtmöglichen Schonung des Außenbereichs widersprechen. Die Standortgebundenheit von Windenergieanlagen wurde in dieser Entscheidung verneint.

Wegen dieser Rechtsprechung kam dem Gesetzgebungsverfahren um die Privilegierung der Windkraftanlagen grundlegende Bedeutung zu. Denn durch das Urteil des Bundesverwaltungsgerichts vom 16.6.1994 war der weitere Ausbau der Windenergie, der aus klima-, energie-, und umweltpolitischen Gründen für notwendig erachtet wurde, eingeschränkt worden.[76] Aufgrund dieser Einschränkungen leitete Anfang 1995 das im Bereich der Windkraftnutzung am weitesten fortgeschrittene Land, Schleswig-Holstein, ein Gesetzgebungsverfahren im Bundesrat ein um die intensivere Nutzung regenerativer Energien und die damit einhergehende Verringerung der Kohlendioxidbelastung der Atmosphäre mit den vom Bundesverwaltungsgericht betonten Außenbereichsschutz in Einklang zu bringen.[77] Da die mit diesem Gesetzgebungsverfahren beabsichtigte Privilegierung von Windenergieanlagen in Fachkreisen umstritten war, wurde die Empfehlung ausgesprochen, eine Privilegierung durch planerische Steuerungsmöglichkeiten, in Anlehnung an ein Urteil des Bundesverwaltungsgerichts zu den Abgrabungskonzentrationszonen[78] zu begleiten.[79] Diese Empfehlung fand sich im Darstellungsprivileg des § 35 Abs. 3 Satz 4 BauGB 1996 wieder.

Die Initiative Schleswig-Holsteins wurde mit zwei von verschiedenen Bundestagsfraktionen eingeleiteten Gesetzgebungsverfahren zusammengeführt, um eine Übergangsregelung ergänzt und am 20.06.1996 im Bundestag einstimmig beschlossen.[80] Aufgrund der Gesetzesänderung sind seit dem 1. Januar 1997 Vorhaben nach § 35 Abs. 1 Nr. 6 BauGB im bauplanungsrechtlichen Außenbereich privilegiert zulässig, wenn sie der Erforschung, Entwicklung oder Nutzung der Wind- und Wasserenergie dienen. Dadurch haben die Investoren einen Rechtsanspruch auf Erteilung der Baugenehmigung, wenn die Erschließung gesichert ist und öffentliche Belange nicht entgegenstehen.

Um trotz der geschaffenen Privilegierung der Errichtung von Windenergieanlagen „Wildwuchs" vermeiden zu können und eine Steuerung durch Planung im Außenbereich zu ermöglichen, wurde gleichzeitig § 35 Abs. 3 BauGB um den sogenannten Planvorbehalt ergänzt. Dadurch wird für Gebiete, in denen ein star-

---

[76] Bericht der Abgeordneten Götz und Schöler, BT-Drs. 13/4978 v. 19.6.1996, S. 1.
[77] Stüer/Vildomec, BauR 1998, 427 ff., 429.
[78] BVerwG, NVwZ 1988, 54 ff.
[79] Protokoll des Ausschusses für Raumordnung, Bauwesen und Städtebau v. 25.10.1995.
[80] Zum Gesetzgebungsverfahren: Wagner, UPR 1996, 370 ff., 371.

ker Antragsdruck besteht, die Möglichkeit eröffnet, die Windkraftnutzung an bestimmten Stellen im Plangebiet zu konzentrieren und gleichzeitig an anderen Stellen des beplanten Gebiets auszuschließen: Durch die Ausweisung von Konzentrationszonen ist die Errichtung von Windenergieanlagen außerhalb dieser ausgewiesenen Standorte unzulässig, da dort öffentliche Belange im Sinne des § 35 Abs. 1 Satz 1 BauGB entgegenstehen.[81] In der verbleibenden Abwägung zwischen den Interessen des Vorhabensträgers und den öffentlichen Belangen ist zu berücksichtigen, dass der Gesetzgeber durch die Privilegierung der Windkraftanlagen diesen gegenüber den sonstigen Vorhaben einen Vorrang eingeräumt hat.[82] Auch insoweit gilt jedoch der Grundsatz der größtmöglichen Schonung des Außenbereichs,[83] wobei im Hinblick auf die Nutzung der Windenergie im Außenbereich insbesondere § 35 Abs. 3 Satz 1 Nr. 5 BauGB zu beachten ist. Dementsprechend stehen öffentliche Belange entgegen, wenn Belange des Naturschutzes und der Landschaftspflege, die natürliche Eigenart der Landschaft und ihre Aufgabe als Erholungsgebiet beeinträchtigt werden oder das Orts- und Landschaftsbild verunstaltet wird. Trotz der gesetzlichen Grundlagen zur „Dosierung" der Errichtung von Windenergieanlagen im Außenbereich wäre aber eine planerische Steuerung allein im Rahmen der kommunalen Bauleitplanung durch positive Standortausweisung unter Berücksichtigung der benannten öffentlichen Belange nicht ausreichend.[84] Dies liegt daran, dass für die Bejahung einer Verunstaltung des Orts- und Landschaftsbildes eine hohe Hürde zu nehmen ist; wird diese Schwelle nicht erreicht besteht kein Gestaltungsspielraum sondern die Genehmigung ist zu erteilen. Ebenso verhält es sich mit den übrigen, in diesem Zusammenhang in Betracht kommenden öffentlichen Belangen des § 35 Abs. 3 Satz 1 BauGB. Um den wachsenden Flächenbedarf, der für die Versorgung der Bevölkerung mit Energie erforderlich ist, mit Umwelt- und Naturschutz sowie mit dem Schutz der Landschaft[85] in Einklang bringen zu können, stehen der Raumplanung vier Planstufen zur Verfügung: Bundesplanung und Bundesraumordnung, Landesplanung, Regionalplanung und Bauleitplanung. Diese Planstufen wiederum müssen untereinander abgestimmt sein.

I. Steuerung durch Raumordnung und Landesplanung

Die Raumplanung ist gestuft in die örtliche Ebene der gemeindlichen Bauleitplanung und in die überörtliche staatliche Ebene von Raumordnung und Landesplanung.[86] Für die Raumordnung und Landesplanung hat nach Art. 75 Abs. 1

---

[81] Runkel, DVBl. 1997, 275 ff.; 275; Lüers, ZfBR 1996, 297 ff.
[82] Battis/Krautzberger/Löhr, BauGB, Krautzberger, § 35, Rdnr. 4; Lüers, ZfBR 1996, 297 ff.
[83] Battis/Krautzberger/Löhr, BauGB, Krautzberger, § 35, Rdnr. 4; BVerwGE 41, 138.
[84] Rühl, UPR 2001, 413 ff., 413.
[85] Freudenstein/Lechlein, S. 47.
[86] Ausführlich: Bartlsperger, Raumplanung zum Außenbereich, S. 16 f.

Satz 1 Nr. 4, 2. Var. GG der Bund die Rahmenzuständigkeit, während die Länder nach Art. 75 GG mit Art. 72 GG eine Rahmenausfüllungskompetenz für den Bereich der Raumordnung innehaben. Anknüpfungspunkt für eine mögliche Einflussnahme durch Raumordnung und Landesplanung hinsichtlich der Windenergienutzung sind die Regelungen über Ziele in den Programmen und Plänen. Die Ziele präzisieren die Grundsätze der Raumordnung und Landesplanung, § 2 Abs. 1 und Abs. 2 ROG in Verbindung mit Art. 2 BayLplG. Raumordnung und Landesplanung befassen sich mit Energieversorgungsanlagen als raumbeanspruchende Maßnahmen.

Das Landesentwicklungsprogramm Bayern (LEP) ist das landesplanerische Gesamtkonzept der Staatsregierung für die räumliche Entwicklung und Ordnung Bayerns. Nach 1976, 1984 und 1994 ist 2003 das vierte Landesentwicklungsprogramm für Bayern[87] in Kraft getreten.[88] Das Landesentwicklungsprogramm enthält „Ziele," die fachübergreifend die raumbedeutsamen öffentlichen Planungen und Maßnahmen koordinieren. Alle öffentlichen Stellen und auch die in § 4 Abs. 3 ROG genannten Personen des Privatrechts sind bei ihren Planungen an die als Rechtsverordnung erlassenen Ziele gebunden, darüber hinaus haben die Kommunen ihre Bauleitplanung an die Ziele anzupassen. Gegenüber sonstigen Personen des Privatrechts entfaltet das Landesentwicklungsprogramm grundsätzlich keine unmittelbare Rechtswirkung. Es stellt jedoch eine zuverlässige Orientierungshilfe zur Absicherung und Einbindung von deren raumbezogenen Entscheidungen dar.[89] Die Ziele des Landesentwicklungsprogramms und der darauf aufbauenden Regionalpläne tragen somit zur Planungssicherheit bei.

Umweltbelastung und Ressourcenverbrauch haben weltweit alarmierende Ausmaße angenommen. Zur Bewältigung der daraus entstehenden Probleme ist mehr erforderlich als nur technischer Fortschritt und Innovation.[90] Nach dem bis 2003 geltenden Landesentwicklungsprogramm für Bayern[91] orientierte sich die bayerische Energieversorgung am Leitbild einer nachhaltigen Entwicklung. Deswegen sollten Energiepolitik und -wirtschaft die erforderliche Energie zu möglichst ökologisch und ökonomisch optimierten Bedingungen bereitstellen

---

[87] http://www.umweltministerium.bayern.de/bereiche/entwick/bereiche/lep2003/s001.pdf.
[88] Zustimmung des Bayerischen Landtags zum Entwurf am 28.1.03; In Kraft seit 1.4.03.
[89] http://www.umweltministerium.bayern.de/bereiche/entwick/bereiche/lep2003/s001.pdf, Präambel.
[90] http://www.umweltministerium.bayern.de/bereiche/entwick/bereiche/lep2003/s001.pdf, Präambel.
[91] Rechtsgrundlage für die Fortschreibung des Landesentwicklungsprogramms Bayern sind §§ 7 und 8 ROG v. 18. August 1997 (BGBl I S. 2081, 2102), geändert durch Gesetz v. 15. Dezember 1997 (BGBl. I S. 2902), und Art. 1, 13 und 14 des Bayerischen Landesplanungsgesetzes (BayLplG) in der Fassung der Bekanntmachung v. 16. September 1997 (GVBl. S. 500, BayRS 230-1-U), zuletzt geändert durch § 1 des Gesetzes v. 25. April 2000 (GVBl. S. 280).

und dabei den Belangen der heutigen Generation ebenso wie den Belangen künftiger Generationen Rechnung tragen. Eine Orientierung der bayerischen Energieversorgung an der nachhaltigen Entwicklung war demnach nur verwirklicht, wenn auch in Zukunft alle technisch und wirtschaftlich verfügbaren Energiequellen mit bestmöglicher Technologie und in einem ausgewogenen Energiemix zur Versorgung eingesetzt wurden.

Im Landesentwicklungsprogramm 2003 wurde der Vorsorgegedanke und das Prinzip der Nachhaltigkeit gestärkt. Erstmalig wurde das Prinzip der Nachhaltigkeit in ein verbindliches Normwerk konsequent eingeführt. Die wesentlichen Vorsorgeschwerpunkte beinhalten neben dem Hochwasserschutz, dem Alpenschutz, der Flächenvorsorge sowie dem Zentrale-Orte-System auch den Klimaschutz und den Naturschutz.[92] Im Bereich Klimaschutz enthält das Landesentwicklungsprogramm neben einem eigenen Fachkapitel „Klimaschutz und Luftreinhaltung" unter anderem auch einschlägige Zielaussagen für andere Fachbereiche wie Verkehr, Freizeit, Erholung und Energie. Im Bereich Naturschutz gilt es nach dem Landesentwicklungsprogramm die biologische Vielfalt in Natur und Landschaft zu erhalten und weiter zu entwickeln. Nachhaltige Energiebereitstellung in diesem Sinne erfordert nach dem Landesentwicklungsprogramm 2003 zunächst eine effiziente Nutzung von nicht erneuerbaren Energieträgern; gleichzeitig müssen jedoch die Technologien zur Gewinnung und Verwendung der fossilen Energieträger weiter verbessert werden. Nur so ist gemäß dem Landesentwicklungsprogramm 2003 die technisch wirtschaftliche Ressourcenbasis für die nachfolgenden Generationen zu sichern. Daneben erfordert Nachhaltigkeit aber vor allem eine verstärkte Nutzung der erneuerbaren Energieressourcen durch weiterentwickelte energie- und ressourceneffiziente Techniken. Die erneuerbaren Energien werden als ein wachsender Bestandteil eines ökologisch und ökonomisch sinnvollen Energiemix bezeichnet: Um die endlichen Vorräte an fossilen Energieträgern zu strecken sowie aus Gründen der Versorgungssicherheit und der Klimavorsorge, müssen die erneuerbaren Energien - neben Energieeinsparung und rationellerer Energieverwendung – längerfristig steigende Beiträge zur Energieversorgung leisten. Ein weiterer Ausbau der Nutzung der Windenergie wird somit auch vom Landesentwicklungsprogramm für Bayern angesteuert und gefördert.

1. Rechtliche Grundlagen und Instrumente

Unter dem Begriff „Raumordnungsrecht" werden alle Rechtsvorschriften, die staatliche Träger zur Raumordnungspolitik ermächtigen, zusammengefasst. Mit

---

[92] Daten + Fakten + Ziele Landesentwicklungsprogramm Bayern (LEP), März 2003, http://www.umweltminsiterium.bayern.de.

Raumordnungspolitik wird dabei die zusammenfassende, überörtliche und überfachliche Raumplanung und Planverwirklichung bezeichnet.[93] In diesem Rahmen sollen bestimmte Ziele entwickelt und deren Verwirklichung angestrebt werden. Dies wird als Integrationsfunktion bezeichnet. Gleichzeitig sollen im Rahmen der Koordinationsfunktion des Raumordnungsrechts raumbedeutsame Maßnahmen verschiedener Träger öffentlicher Belange aufeinander abgestimmt werden.[94]

Eine wichtige Grundlage der staatlichen Planung im Bereich der Energieversorgung bildet das Raumordnungsgesetz. Es enthält allgemeine Vorschriften über die Aufgabe, Leitvorstellung und Grundsätze der Raumordnung sowie über die Bindungswirkungen der Erfordernisse der Raumordnung. Daneben enthält es auch rahmenrechtliche Vorschriften. Die Bundesländer haben die rahmenrechtlichen Vorgaben des Raumordnungsgesetzes in ihren Landesplanungsgesetzen umgesetzt. Allerdings erfolgte noch keine Anpassung an das 1997 geänderte Raumordnungsgesetz. Den Ländern wurde dafür gemäß § 22 ROG eine Vierjahresfrist gesetzt. Mit einer baldigen Anpassung in allen Ländern ist deshalb zu rechnen.

Um trotz der Privilegierung in § 35 Abs. 1 Nr. 6 BauGB eine flächendeckende Bebauung des Außenbereichs mit Windenergieanlagen verhindern zu können, wurde den Planungsträgern der räumlichen Gesamtplanung in § 35 Abs. 3 Satz 3 BauGB vom Gesetzgeber ein sogenannter Planvorbehalt eingeräumt. Wichtigste Instrumente der Landes- und Raumplanung zur Umsetzung und Gestaltung des eingeräumten Planvorbehalts sind dabei die Programme und Pläne. In den Programmen, beispielsweise dem Landesentwicklungsprogramm nach Art. 13 BayLplG, wird die Darstellung und Festsetzung der Planungsziele beschrieben. Die Pläne enthalten auf der Grundlage des Programms detailliertere Darstellungen und Festsetzungen, insbesondere auch in zeichnerischer Form. Welches dieser Instrumente in der jeweiligen Situation einzusetzen ist, hängt davon ab, was erreicht werden soll, also ob und wo Windkraftanlagen entstehen sollen.

Soll die Nutzung der Windenergie im gesamten Planungsraum möglich sein, brauchen die Planungsträger wegen der gesetzlichen Privilegierung von Windenergieanlagen nach § 35 Abs. 1 Nr. 6 BauGB überhaupt nicht planerisch tätig werden. Denn durch die baurechtliche Privilegierung ist deren Zulassung im Außenbereich ohnehin erleichtert möglich. Bedingung für die Zulässigkeit ist

---

[93] Büdenbender, Energierecht I, Rdnr. 140.
[94] Büdenbender, Energierecht I, Rdnr. 140.

aufgrund der gesetzlichen Privilegierung nur, dass die Errichtung des Vorhabens bereits bestehenden raumordnerischen Zielen nicht widerspricht.[95]

Soll die Windenergienutzung allerdings auf bestimmte Bereiche beschränkt werden, müssen die Planungsträger entsprechend § 35 Abs. 3 Satz 3 BauGB Konzentrationsflächen ausweisen, um eine Bündelung der Windkraftanlagen in diesen Gebieten erreichen und ihre Errichtung an anderen Stellen verhindern zu können.[96] Eine derartige Konzentration kann durch Darstellungen im Flächennutzungsplan auf kommunaler Ebene (dazu im Kapitel Bauleitplanung) oder auf planungsrechtlicher Ebene durch die Ausweisung von Konzentrationsflächen im Sinne von § 7 Abs. 4 ROG erreicht werden. Das Prinzip dieser Steuerungsmöglichkeiten geht auf Ansätze der Rechtsprechung des Bundesverwaltungsgerichts zum Kiesabbau zurück.[97] Die rechtlich verbindliche Planung geschieht nach dem Raumordnungsgesetz von 1998 im Raumordnungsplan. Unter den Begriff des Raumordnungsplans fallen der zusammenfassende und übergeordnete Raumordnungsplan für das Landesgebiet nach § 8 Abs. 1 Satz 1 ROG, die räumlichen und sachlichen Teilpläne nach § 7 Abs. 1 Satz 2 ROG sowie die Regionalpläne i.S.v. § 9 ROG, die gemäß § 9 Abs. 2 Satz 1 ROG aus dem Raumordnungsplan für das Landesgebiet zu entwickeln sind.

Nach dem Bayerischen Landesplanungsgesetz kommen als Raumordnungspläne das Landesentwicklungsprogramm gemäß Art. 13 BayLplG, fachliche Programme und Pläne gemäß Art. 15 BayLplG und die Regionalpläne gemäß Art. 17 BayLplG in Betracht. Gemäß Art. 14 Abs. 1 BayLplG werden in diesen die Ziele der Raumordnung und Landesplanung in beschreibender oder zeichnerischer Form dargestellt. Für die Landesplanung gilt neben den Grundsätzen der Raumordnung gemäß § 2 Abs. 2 ROG hinsichtlich der Energieversorgung nach Art. 2 Nr. 9a BayLplG insbesondere der Grundsatz, bei raumbedeutsamen Planungen und Maßnahmen darauf hinzuwirken, dass die Versorgung der Bevölkerung und Wirtschaft mit preiswürdiger und möglichst umweltfreundlicher Energie sichergestellt und den Erfordernissen der Aufsuchung und Gewinnung heimischer Rohstoffvorkommen Rechnung getragen wird.

Ein weiterer Grundsatz für die Planung von Flächen für die Windenergienutzung findet sich in Art. 2 Nr. 11 BayLplG. Demnach ist der Standort von Anlagen, die beispielsweise Luftverunreinigung, Lärm, Erschütterung oder schädliche Strahlung verursachen so zu wählen, dass Gefahren, Nachteile und Belästigungen vermieden werden. Dies gilt insbesondere in Wohn-, Erholungs- und Fremden-

---

[95] Schmidt, DVBl. 1997, 990 ff, 992.
[96] Schmidt, DVBl. 1997, 990 ff., 992.
[97] Rühl, UPR 2001, 413 ff., 414; Spiecker, BayVBl. 2001, 673 ff.; BVerwG, NVwZ 1988, 54 ff.

verkehrsgebieten sowie für andere besonders schützenswerte Räume und für Flächen, die gegenwärtig oder voraussichtlich künftig der Wasserversorgung dienen. Geplante Anlagen sollen nach Möglichkeit in geeigneten Gebieten zusammengefasst werden. Auf die durch bereits bestehende Anlagen verursachten Einwirkungen soll bei Maßnahmen des Siedlungswesens Rücksicht genommen werden. Nach Art. 2 Nr. 12 BayLplG soll die Landschaft und das Gleichgewicht des Naturhaushalts nicht nachteilig verändert werden. Unvermeidbare wesentliche Beeinträchtigungen sind dementsprechend durch landschaftspflegerische Maßnahmen möglichst auszugleichen. Insbesondere Gebiete von besonderer Schönheit oder Eigenart und Naturdenkmale sind möglichst unberührt zu erhalten und zu schützen.

Die Regelungen zu den erneuerbaren Energien in den Regionalplänen beschränken sich hauptsächlich auf allgemeine Zielaussagen; so haben von den 18 Planungsregionen in Bayern 9 Regionen keinen Bedarf gesehen, im Hinblick auf die Windenergienutzung regionalplanerisch tätig zu werden. Eine Verpflichtung zur Erstellung eines zielförmigen Windenergiekonzeptes besteht nicht. Die Standortsteuerung kann gemäß § 35 Abs. 3 BauGB durch kommunale Flächennutzungsplanung oder durch höherstufige Raumordnung erfolgen. Besteht keine Nachfrage nach Flächen für Windenergieanlagen, so ist eine Regionalplanung nicht erforderlich. Ebenso braucht die Regionalplanung nicht tätig zu werden, wenn kommunale Festlegungen im Flächennutzungsplan nach Auffassung des regionalen Planungsverbandes eine hinreichende Steuerungswirkung erreichen.

In den übrigen Planungsregionen wurden häufig Teilregelungen getroffen, das heißt für einen Teil der Fläche wurden Aussagen getroffen, für einen anderen Teil nicht. Diese Vorgehensweise wird als System der „weißen Flächen" bezeichnet.[98] Die Regionalpläne enthalten Teilfestsetzungen mit positiven und negativen Festlegungen hinsichtlich der Zulässigkeit von Windenergieanlagen sowie „weiße Flächen." Bezüglich der „weißen Flächen" ist jeweils eine Auslegung der Planaussagen erforderlich um abzuklären ob diese aufgrund der getroffenen textlichen Festsetzungen von der Bebauung mit Windenergieanlagen frei bleiben sollen. Das System der „weißen Flächen" ist zulässig. Da es keine Planungspflicht gibt, gibt es auch keine Pflicht zur vollständigen Planung. Bei der Umsetzung kommt es aufgrund der „weißen Flächen" jedoch zu Problemen wegen der Ausschlusswirkung des § 35 Abs. 3 Satz 3 BauGB.[99] Der Ausschluss von privilegierten Vorhaben durch Ausweisung von positiven Zielfestlegungen an anderer Stelle setzt ein gesamträumliches Planungskonzept mit entsprechender Abwägung der Nutzungsinteressen im Gesamtraum voraus.[100] Trifft die Pla-

---

[98] Manssen, Manuskript ALR, Kapitel 6.3.4.
[99] Manssen, Manuskript ALR, Kapitel 6.3.4.
[100] BVerwG, NVwZ 2003, 738, 740.

nungsbehörde aber für bestimmte Stellen im Planungsgebiet keine Aussage hinsichtlich der Zulässigkeit oder Unzulässigkeit von privilegierten Vorhaben, ist ein gesamträumliches Planungskonzept nicht vorhanden. Soweit ein Plan „weiße Flächen" enthält tritt die Ausschlusswirkung des § 35 Abs. 3 Satz 3 BauGB nicht ein.[101] Dennoch stellen „weiße Flächen" die Rechtmäßigkeit des jeweiligen Regionalplanes nicht in Frage wenn es für die Nichtbeplanung der Flächen nachvollziehbare Gründe gibt.[102] So können zum Beispiel „weiße Flächen" gelassen werden, wenn keine raumbedeutsamen Beeinträchtigungen von Schutzgütern zu erwarten sind und eine kommunale Steuerung ausreichend ist.

Schließlich können auch für die ganze Region Aussagen getroffen werden. Die Planrechtfertigung einer vollständigen Überplanung ist gegeben, wenn wegen der Raumbedeutsamkeit von Anlagen ein Bedürfnis für eine Standortsteuerung gegeben ist. Dies ist zu bejahen, wenn aufgrund der Grundsätze der Raumordnung schützenswerte Belange durch entsprechende Anlagen beeinträchtigt werden könnten. Eine vollständige Negativplanung ist unzulässig, da dadurch die gesetzgeberische Entscheidung des § 35 Abs. 1 Nr. 6, Abs. 3 BauGB zum Ausbau der Windenergie unterlaufen würde.[103] Für die Windenergie ist „in substanzieller Weise" Raum zu schaffen.[104]

2. Problematik von Soll-Formulierung bei Zielen

a) Problemdarstellung

Nach §§ 3 Nr. 2, 4 Abs. 1 ROG sind Ziele von den öffentlichen Stellen bei den raumbedeutsamen Planungen und Maßnahmen zu beachten. Dabei handelt es sich um eine strikte Beachtenspflicht.[105] Bei den Zielen handelt es sich um landesplanerische Letztentscheidungen. Die Träger der Raumordnung sind gemäß § 9 ROG bei der Ausarbeitung der Regionalpläne an Zielfestsetzungen in hochstufigen Raumordnungsplänen gebunden.[106] Den nachfolgenden Behörden verbleibt kein Abwägungs- oder Ermessensspielraum mehr. Aus diesem Grund muss der Adressat erkennen können, was Gegenstand seiner Beachtens- und Anpassungspflicht ist. Deshalb kann für den jeweiligen Adressaten nur ein Ziel

---

[101] Manssen, Manuskript ALR, Kapitel 6.5.1.
[102] A. A.: Bartlsperger, Die raumplanerische Steuerung von Außenbereichsvorhaben, S. 196 ff.
[103] BVerwG, NVwZ 2003, 738, 739.
[104] BVerwG, NVwZ 2003, 738, 739.
[105] Goppel, BayVBl. 1998, 290 f.; Runkel, DVBl. 1997, 275 ff.; Hoppe, DVBl. 1993, 681 ff., 682; BVerwGE 90, 329 ff., 332 f.; BayVGH, BayVBl. 1997, 178, 179.
[106] Schroeder, UPR 2000, 52 ff., 54.

formuliert werden, das nicht mehr mit anderen Zielen in Konflikt stehen kann und darf. Eventuell bestehende Zielkonflikte müssen deshalb überörtlich und überfachlich ausgetragen und bereinigt werden. Um den Zielcharakter zum Ausdruck zu bringen und die strikte Beachtenspflicht hervorzuheben verwendet das Raumordnungsgesetz eine unbedingte Formulierung indem es den öffentlichen Stellen vorschreibt, dass die Ziele zu beachten sind. Dies steht im Einklang mit § 7 Abs. 1 Satz 3 ROG, der vorschreibt, dass Ziele der Raumordnung in den Raumordnungsplänen als solche zu kennzeichnen sind.

In der Bayerischen Landes- und Regionalplanung ist es entgegen der dargestellten bundesgesetzlichen Vorgabe ein anerkanntes Prinzip, Ziele im Wege einer Soll- oder Regel-Formulierung festzulegen.[107] So werden in Bayern in verschiedenen Raumordnungsplänen Ziele als „Soll"-Vorschriften formuliert.[108] Im Regionalplan für die Region Oberpfalz-Nord findet sich beispielsweise die Formulierung, dass in Gebieten „der Nutzung der Windenergie gegenüber konkurrierenden Nutzungen ein besonderes Gewicht zukommen soll." Fraglich und umstritten ist, ob die gewählte Formulierung zu Unklarheiten bei der Qualifizierung der jeweiligen Vorschriften führt, ob also die Zielqualität der jeweiligen Vorschrift aufgrund ihrer Formulierung nicht mehr eindeutig zu identifizieren ist. Insbesondere durch die zusätzliche Verwendung von relativierenden Zusätzen wie „möglichst" und „nicht unverhältnismäßig" besteht die Gefahr, dass die eigentlichen Ziele - durch die gewählte Formulierung - als Grundsätze der Raumordnung erscheinen. Es ist deshalb zu befürchten, dass durch die verwendeten Soll-Formulierungen zunehmend die Unterschiede zwischen verbindlichen Zielen und abwägungsrelevanten Grundsätzen der Raumordnung verwischt werden. Dies ist ein Problem, weil die Qualifikation der jeweiligen Vorschrift letztlich Auswirkungen darauf hat, wer die Letztentscheidung trifft. Nach dem Gedanken des Gesetzgebers soll bei Zielen ausschließlich der Raumordnungsträger nach § 3 Nr. 2 ROG die abschließende Abwägung treffen. Durch die gewählten Soll-Formulierungen könnte aber genau dies umgangen werden, da dadurch den nachfolgenden Planungsträgern ein weiterer Spielraum verbleibt, der diesen so eigentlich gar nicht zugedacht ist und ihnen nach dem Gesetz auch nicht zusteht.

b) Stand der Diskussion

Es ist umstritten, ob durch die Soll-Formulierung der Zielcharakter in Frage gestellt wird. Während eine Ansicht meint, dass eine Soll-Formulierung problemlos für die Festsetzung von Zielen verwendet werden kann ohne dass es zu Abgrenzungsproblemen kommt, ist die Gegenauffassung der Meinung, dass anhand

---

[107] Goppel, BayVBl. 1998, 289 ff., 292.
[108] Hoppe, DVBl. 2001, 81 ff., 81.

von Soll-Formulierungen keine Ziele sondern lediglich Grundsätze festgesetzt werden können.

Nach der befürwortenden Ansicht ist die Verwendung von Soll-Formulierungen für Ziele zulässig.[109] Nach dieser Meinung sei einer Soll-Vorschrift im Regelfall strikt zu folgen und nur im Ausnahmefall dürfe von ihr abgewichen werden, wie sich aus der Heranziehung der verwaltungsrechtlichen Soll-Vorschriften zur Auslegung ergäbe. Für die Verwendung von Soll-Formulierungen bei der Festsetzung von Zielen wird dabei angeführt, dass diese Formulierungsweise den durch die Ziele gebundenen Planungsträgern zugute kommen soll:[110] Den Planungsträgern werde dadurch ein Abwägungs- und Ermessensspielraum eingeräumt. Da eine Soll-Vorschrift für typische Sachverhalte verbindlich sei, gelte der Spielraum lediglich für atypische Fälle. Der atypische Fall soll so durch die entsprechende Fassung des Ziels gleichsam schon miterfasst werden. Dadurch könne auch bei atypischen Fällen im Landesplanungsrecht auf ein Zielabweichungsverfahren nach §§ 11 ROG, 23 Abs. 2 ROG weitestgehend verzichtet werden.[111] Teilweise wird die Verwendung von Soll-Formulierungen auch durch die Rechtsprechung gestützt.[112] Dabei bleibe bei als Soll-Vorschrift formulierten Zielen ein Zielabweichungsverfahren erforderlich wenn ein Regelfall gegeben ist und für diesen zu klären ist, ob gleichwohl vom vorgegebenen Ziel abgewichen werden darf. Der durch die Formulierung von Soll-Vorschriften geschaffene Freiraum für die Planungsträger in Form der Eröffnung des Abwägungsspielraums für die Planungsträger führe zwar dazu, dass die Zieladressaten in das eigentliche Abwägungsprodukt der Landes- und Regionalplanung eingreifen. Wäre das Ziel jedoch nicht als Soll-Vorschrift formuliert, müsste aber ein Zielabweichungsverfahren stattfinden. In diesem wäre die Zulässigkeit einer Abweichung an die zentralen Ergebnisse der grundlegenden planerischen Abwägung im Rahmen der Zielaufstellung gebunden. Auch im Rahmen eines Zielabweichungsverfahrens ist eine Abweichung möglich, wenn die Abweichung „unter raumordnerischen Gesichtspunkten vertretbar ist" und die „Grundzüge der Planung nicht berührt werden".

Nach einer anderen Ansicht sind als Soll-Vorschriften formulierte Ziele als fehlerhaft zu behandeln. Diese Ansicht geht davon aus, dass fehlerhafte Ziele als Ziele zwar unwirksam sind, allerdings trotzdem raumordnungsrechtliche Wir-

---

[109] BVerwGE 90, 88 ff., 93 m. w. N.; BayVGH, BayVBl. 1992, 529;.Goppel, BayVBl. 1998, 291 f.; Goppel, BayVBl. 2002, 449 ff.; Spiecker, S. 91; Hendler, DVBl. 2001, 1233 ff., 1239; Paßlick, S. 111; ursprünglich auch: Manssen, in Wallerath (Hrsg.), S. 31 ff.
[110] Goppel, BayVBl. 1998, 289 ff., 292.
[111] Goppel, BayVBl. 1998, 289 ff., 292; a.A. Schroeder, UPR 2000, 52 ff., 53 f.
[112] OVG Lüneburg, NJW 1984, 1776; VG Ansbach, BayVBl. 1984, 602, 603; BayVGH, BayVBl. 1992, 529; BayVGH Urt. v. 22.05.2002, ZfBR 2002, 590 ff.; 590.

kung zeigen. So seien solche fehlerhaften Ziele als sonstige Erfordernisse der Raumordnung zu behandeln, oder könnten lediglich Grundsätze der Raumordnung sein.[113] Die Umdeutung fehlerhafter Ziele in Grundsätze wird dabei mit dem Rechtscharakter von Zielen begründet. Ziele sind wegen ihrer Bindungswirkung außenwirksame, generell-abstrakte Rechtsnormen. Zwar sind fehlerhafte Rechtsnormen grundsätzlich nichtig, doch ergibt sich etwas anderes, wenn man von der Steuerungsfunktion von Zielen ausgeht: Im Hinblick auf die Steuerungsfähigkeit ist es angemessen, bei einem defizitären Ziel zwar die raumordnerische Zielfestlegung und die zielspezifische Steuerungsfunktion, die den normativen Gehalt ausmacht, als nichtig anzusehen, doch die Rechtswidrigkeitsfolge auf die Nichtigkeit der Hauptfunktion der Bindungswirkung zu beschränken. So hat die Zielfestlegung zwar keine Zielwirkung, bleibt aber als Abwägungssteuerung erhalten. Nach dieser Ansicht tritt an die Stelle der Zielbindungswirkung eine abwägungsdirigierende Steuerung. Eine derartige Abweichung vom Nichtigkeitsdogma setzt jedoch voraus, dass das defizitäre Ziel bestimmte Voraussetzungen erfüllt: So muss das einschlägige Planungsrecht Grundsätze der Raumordnung als Darstellungsmittel der Raumplanung zulassen und es müssen abwägungsfähige, raumordnerische Belange in Rede stehen. Durch die Erhaltung der defizitären Ziele als Grundsätze verlieren die Ziele nicht jede raumordnerische Bedeutung. Für diese Auslegung spricht das Rechtsprinzip der Rechtserhaltung und der Gedanke der Restgültigkeit nichtiger Rechtsakte. So könnte eine Schadensbegrenzung erreicht und könnten Fehlerfolgen vernünftig geregelt werden.

Es ist davon auszugehen, dass raumplanerische Festlegungen, die als Soll-Aussagen formuliert sind, keine Raumordnungsziele darstellen.[114] Dem gemäß setzt die Formulierung als Soll-Vorschrift lediglich fest, dass der Windenergienutzung gegenüber konkurrierenden Nutzungen ein besonderes Gewicht zukommen „soll", was zur Folge hat, dass die Aussage keinen Zielcharakter hat. Derartig formulierte Vorschriften können die Behörden nicht verbindlich zu einem Verhalten anleiten; Zwar sind Ziele als solche zu kennzeichnen nach § 7 Abs. 1 Satz 3 ROG. Allerdings kann allein die Kennzeichnung als solche nicht die Bindungswirkung nach § 4 ROG auslösen, da die Kennzeichnung selbst nur Hinweisfunktion besitzt. Die Bindungswirkung geht einzig von den raumplanerischen Festlegungen aus, die mit den Begriffsmerkmalen des § 3 Nr. 2 ROG materiell übereinstimmen.[115] Eine Kennzeichnung nach § 7 Abs. 1 Satz 3 ROG als Ziel signalisiert jedoch lediglich den Willen des Plangebers zur Schaffung eines Ziels, kann aber eine raumordnerische Planaus-

---

[113] Passlick, S. 130.
[114] Schroeder, UPR 2000, 52 ff., 53 f.; Hoppe, DVBl. 2001, 81 ff., 88 ff.; Hoppe, BayVBl. 2002, 129 ff.; Bartlsperger, durchgehend in: Raumplanung zum Außenbereich.
[115] Hoppe, DVBl. 2001, 81 ff., 86.

sage nicht in ein Ziel der Raumordnung verwandeln wenn die Planaussage die wesentlichen Kriterien eines Ziels nicht erfüllt. Die Kennzeichnung ist somit rechtlich wirkungslos und kann „fehlerhafte Ziele", das heißt Soll-Ziele, nicht heilen.[116] Entscheidend ist allein die textliche Fassung, selbst wenn die Kennzeichnung der textlichen Festlegung widerspricht.

c) Fazit

Das oftmals zur Rechtfertigung der Soll-Formulierungen herangezogene Argument des Entfallens der Notwendigkeit der Durchführung eines Zielabweichungsverfahrens für atypische Sachverhalte kann keinen Anreiz darstellen mit Soll-Formulierungen zu arbeiten. Durch eine Soll-Formulierung tritt eine Verweichlichung der Zielqualität ein. Die vom Bundesgesetzgeber selbst gewählte Formulierung in § 7 Abs. 4 Satz 1 Nr. 2 ROG widerspricht einer Festsetzung von Zielen durch Soll-Formulierungen. Raumplanerische Festlegungen als Soll-Formulierungen haben deshalb keine strikte Verbindlichkeit und sind somit lediglich als Grundsätze der Raumordnung im Sinne von § 3 Nr. 3 ROG zu qualifizieren.

3. Die Eigenart der einzelnen Gebiete

Die jeweilige Planung erfolgt durch die Errichtung besonderer Raumordnungsgebiete. Gemäß § 7 Abs. 4 ROG existieren drei Raumordnungsgebietsarten: Das Vorranggebiet nach § 7 Abs. 4 Nr. 1 ROG, das Vorbehaltsgebiet gemäß § 7 Abs. 4 Nr. 2 ROG und das Eignungsgebiet nach § 7 Abs. 4 Nr. 3 ROG. Bei diesen „Raumordnungsgebieten mit besonderer Funktion" handelt es sich um gesetzlich typisierte und definierte Festlegungen in landesplanungsrechtlichen Raumordnungsplänen, mit denen innerhalb eines Planungsraumes bestimmte Raumnutzungen oder Raumfunktionen einem Gebiet zugeordnet werden können.[117] Die bezeichneten Raumordnungsgebiete waren auch vor Erlass des neuen ROG bereits bekannt und praktiziert. Das Eignungsgebiet wurde begrifflich vor Erlass des neuen Raumordnungsgesetzes nicht in den Plänen verwendet. Stattdessen fand sich oft eine Kombination von Ausschlusszielen mit Vorrang- und Vorbehaltsgebieten.[118] Neben der Ausweisung dieser drei gesetzlich festgelegten Gebietsarten ist auch die Ausweisung von Ausschlussgebieten möglich, wenn in Gebieten außerhalb festgesetzter Vorrang- oder Vorbehaltsgebiete, die

---

[116] Hoppe, DVBl. 2001, 81 ff., 87.
[117] Bartlsperger, Raumplanung zum Außenbereich, S. 21f.
[118] Goppel in Jarass (Hrsg.) Raumordnungsgebiete nach dem neuen ROG, S. 26.

eine für die Windenergienutzung ausreichende Windhöffigkeit aufweisen, die Errichtung von Windkraftanlagen ausgeschlossen werden soll.

Die Raumordnungsgebiete mit besonderer Funktion sind kleinräumig angelegt und weisen eine gewisse Nähe der Raumordnung zur Fachplanung auf. So werden einer bestimmten Fläche entweder rechtlich strikt oder nur dirigierend bestimmte, vom Raum zu übernehmende Funktionen zugeordnet.[119] Zur regionalplanerischen Steuerung der Windenergienutzung sind grundsätzlich sowohl verbale Ziele als auch zeichnerisch verbindliche Darstellungen möglich. Sofern im Regionalplan eine Festlegung erfolgen soll, ist der Geltungsbereich von Ausschlusszielen in der Regel verbal darzustellen, wobei auf die notwendige Klarheit nach Art. 20 Abs. 3 GG zu achten ist.

Raumordnungsgebiete mit besonderer Funktion im Sinne des § 7 Abs. 4 ROG stellen das zentrale Instrumentarium der landesplanerischen Raumordnungspläne, insbesondere der Regionalpläne bei der Raumordnung des Außenbereichs dar. Im Einzelnen werden die in § 7 Abs. 4 ROG legaldefinierten Gebiete im Folgenden erörtert.

a) Vorranggebiete

(1) Wesen und Rechtsnatur

Vorranggebiete sind nach § 7 Abs. 4 Satz 1 Nr. 1 ROG solche Gebiete, für die bestimmte raumbedeutsame Funktionen oder Nutzungen vorgesehen sind und für die andere raumbedeutsame Nutzungen ausgeschlossen sind, soweit diese mit den vorrangigen Funktionen, Nutzungen oder Zielen der Raumordnung nicht vereinbar sind. Durch die Festlegung von Vorranggebieten wird dem jeweiligen Teilraum somit eine bestimmte Nutzungsart zugeordnet, während konkurrierende Nutzungsarten verdrängt werden.[120] Vorranggebiete sind Ziele der Raumordnung im Sinne von § 3 Nr. 2 ROG. Als solche sind sie auf der Ebene der Raumordnung abschließend abgewogene, räumlich-sachliche Festlegungen darüber, welche Nutzungen zulässig sind und welche ausgeschlossen werden.[121] Die Festlegung einer Vorrangfläche stellt somit eine landesplanerische Letztentscheidung dar.

Voraussetzung für die Zieleigenschaft eines festgesetzten Vorranggebietes ist, dass die Zieleigenschaft in einer verbindlichen Vorgabe deutlich gemacht wird.

---

[119] Bartlsperger, Raumordnungsgebiete mit besonderer Funktion, S. 119 ff., 119.
[120] Spiecker, Raumordnung und Private, S. 229.
[121] Goppel, BayVBl. 1998, S. 289; Spiecker, Raumordnung und Private, S. 228.

Das Vorranggebiet muss explizit oder konkludent festgelegt sein im Sinne von § 7 Abs. 4 Satz 1 Nr. 1 ROG mit Rücksicht auf die strikt verbindliche Ausschlusswirkung gegenüber anderen, mit der Vorrangfestlegung nicht zu vereinbarenden „beziehungsweise in Widerspruch stehenden Außenbereichsvorhaben gemäß der allgemeinen raumordnerischen Zielbindungsklausel von § 35 Abs. 3 Satz 2, HS 1 BauGB."[122] Aus diesem Grund sind alle, die strikte Verbindlichkeit von Raumordnungsplänen zum Außenbereich einschränkenden Gestaltungsmöglichkeiten lediglich als Grundsätze der Raumordnung nach § 3 Nr. 3 ROG zu qualifizieren.[123] Dies gilt auch, wenn beabsichtigt war, durch die Festlegungen eine verbindliche Vorgabe zu schaffen. Folge hiervon ist, dass mit einer Soll-Formulierung festgesetzte Vorranggebiete keine Ziele darstellen können.

In den Regionalplänen Oberfranken-West und Oberfranken-Ost wie auch der Industrieregion Mittelfranken finden sich bei der Ausweisung von Standorten für die Windenergienutzung auch „Vorranggebiete." Die textliche Fassung lautet in etwa: „In den Vorranggebieten soll der Windenergienutzung Vorrang vor anderen Nutzungen eingeräumt werden." Die gewählte Soll-Formulierung bleibt hinter der Begriffsbestimmung des § 7 Abs. 4 Satz 1 Nr. 1 ROG zurück. Zwar ist die Soll-Formulierung von Zielen in der Bayerischen Landes- und Regionalplanung die Regel.[124] Soll- oder auch Regelziele führen jedoch zu dem mit bundesrechtlichen Vorschriften nicht vereinbarenden Eindruck, der Rechtsanwender könne in gewissem Umfang selbst entscheiden, ob er sich an ein Ziel hält.[125] Auch wenn Soll-Formulierungen ein anerkanntes Prinzip der Bayerischen Landes- und Regionalplanung darstellen, ist diese Gestaltungsweise deshalb abzulehnen. Es handelt sich dabei zudem um eine unnötige Abweichung der Vorgaben vom bundesdeutschen Gesetzestext.

Öffentliche Belange stehen der als vorrangig ausgewiesenen Windenergienutzung nicht entgegen, soweit sie bereits bei der Darstellung als Ziel abgewogen wurden.[126] In die Abwägung sind alle öffentlichen und privaten Belange einzustellen, soweit sie auf der jeweiligen Planungsebene erkennbar und von Bedeutung sind. Berücksichtigungsfähig sind demnach nur mehr die Belange, die im Rahmen der hochstufigen Abwägung auf der regionalplanerischen Ebene nicht erkennbar oder nicht relevant waren.

---

[122] Bartlsperger, Raumplanung zum Außenbereich, S. 182 f.
[123] Bartlsperger, Raumplanung zum Außenbereich, S. 182.
[124] Goppel, BayVBl. 2002, 449 ff.; Goppel, BayVBl. 1998, 289 ff., 292.
[125] Manssen, Manuskript ALR, 6.4.1.2.
[126] Schmidt, DVBl. 1998, 669 ff., 672.

(2) Praktische Relevanz

Wird ein Vorranggebiet für Windenergieanlagen errichtet, so sind gemäß § 7 Abs. 4 Nr. 1 ROG Windenergieanlagen in diesem Bereich raumordnungsrechtlich privilegiert, während andere Anlagen dort nicht zulässig sind. Im Hinblick auf privilegierte Außenbereichsvorhaben begründen zielförmige Vorrangfestlegungen mit ihrer positiven Standortfestlegung zusätzlich ein bauplanungsrechtlich abschließendes Zulässigkeitsprivileg nach der raumordnerischen Abschichtungsklausel des § 35 Abs. 3 Satz 2 HS 2 BauGB.[127] Eine Gemeinde darf dem gemäß auf diesen Flächen keine Bauleitplanung betreiben, die die durch die überörtliche Planung festgelegte Nutzung vereiteln würde, § 1 Abs. 4 BauGB.

Innerhalb der festgesetzten Vorranggebiete ist die Errichtung raumbedeutsamer überörtlicher Windenergieanlagen ausgeschlossen. Gemäß der Rechtsprechung zu § 35 Abs. 3 Satz 3 HS1 BauGB 1987 wird damit jedoch kein strikter und somit unbedingter Geltungsanspruch bezüglich der Zielaussage widersprechenden Nutzungen ausgelöst.[128] Vielmehr hat eine nachvollziehende Abwägung stattzufinden, in der das konkrete Vorhaben den berührten raumordnerischen Zielen gegenüber gestellt wird. Die Gründe der Rechtsprechung des Bundesverwaltungsgericht zur alten Rechtslage des BauGB 1987 beanspruchen auch für die neue Rechtslage Geltung.[129] So gewährt die neue Fassung des § 35 Abs. 3 Satz 2 HS 1 BauGB keine Möglichkeit des Dispenses wie sie in der Bauleitplanung nach § 31 Abs. 2 BauGB bei der Anlagenzulassung gegeben ist. Würde man einen strikten und unbedingten Geltungsanspruch für die der Zielaussage widersprechenden Nutzungen annehmen, könnte dies auch - im Widerspruch zur Eigentumsgarantie - zu unverhältnismäßigen Belastungen des Eigentums nach Art. 14 Abs. 1 GG führen. Die Widersprechensklausel des § 35 Abs. 3 Satz 2 HS 1 BauGB führt somit nicht zu einer vollständig rechtlich gesicherten Position für die in Aussicht genommene Nutzung im späteren Genehmigungsverfahren.[130] Gegebenenfalls können trotz der Ausweisung eines Vorranggebietes für Windenergieanlagen der Windkraftnutzung entgegenstehende Nutzungen genehmigt werden oder Anträge auf die Errichtung von Windenergieanlagen trotzdem nicht genehmigungsfähig sein. Als ein die Privilegierung flankierendes Instrument versteht der Gesetzgeber § 35 Abs. 3 Satz 3 BauGB. Durch dieses wird die Gemeinde in die Lage versetzt, die bauliche Entwicklung im Außenbereich planerisch zu steuern.[131] Dem steht auch nicht das gesetzgeberische Ziel entgegen, den Ausbau der Windenergienutzung „aus klimaschutz-, energie-, und um-

---

[127] Bartlsperger, Raumplanung zum Außenbereich, S. 67 ff., 69.
[128] BVerwG, Urteil v. 19.7.2001, NVwZ 2002, 476 ff.
[129] Von Nicolai, NVwZ 2002, 1078 ff., 1079; Schmidt, DVBl. 1998, 669 ff., 672.
[130] Manssen, Manuskript ALR, 6.4.1.1.
[131] BVerwG, Urteil v. 17.12.02, NVwZ 2003, 733 ff., 734.

weltpolitischen Gründen" zu fördern und „den Anteil erneuerbarer Energien an der Energieversorgung zu steigern", da ein Ausbau der Nutzung der Windenergie nicht einziges Ziel der Gesetzesnovelle vom 30.7.1996[132] war.[133] Dementsprechend ist § 35 Abs. 3 Satz 3 BauGB nicht einseitig unter dem Aspekt der Förderung der Windenergienutzung zu verstehen.

b) Vorbehaltsgebiete

(1) Wesen und Rechtsnatur

Die gesetzliche Definition für Vorbehaltsgebiete findet sich in § 7 Abs. 4 Satz 1 Nr. 2 ROG. Danach handelt es sich um ein Vorbehaltsgebiet, wenn einer bestimmten raumbedeutsamen Funktion oder Nutzung bei der Abwägung mit konkurrierenden raumbedeutsamen Nutzungen besonderes Gewicht in einem Gebiet beigemessen werden soll. Strittig ist, ob Vorbehaltsgebiete als Ziele der Raumordnung zu qualifizieren sind oder ob sie den Grundsätzen der Raumordnung zuzuordnen sind.[134]

Eine Ansicht lehnt die Zielqualität ab, weil Vorbehaltsgebiete gerade auf eine spätere Abwägung zielen, und es ihnen deswegen an einer landesplanerischen Letztentscheidung fehlt.[135] Nach dieser Meinung sind Vorbehaltsgebiete als Grundsätze des Raumordnungsrechts zu qualifizieren, da für diese eine nachfolgende Abwägung charakteristisch ist und die Besonderheit von Grundsätzen der Raumordnung lediglich darin besteht, dass sie mit einem relativen, das heißt in einem Abwägungsprozess überwindbaren Vorrang ausgestattet sind. Für diese Meinung spricht, dass der Vorstellung eines Ziels entgegensteht, dass die Festlegung nur als Abwägungsdirektive verstanden wird.[136] Ziele gelten vielmehr, insbesondere im Hinblick auf § 1 Abs. 4 BauGB, traditionell als einer Abwägung nicht zugänglich.

---

[132] BGBl. I S. 1189.
[133] BVerwG, Urteil v. 17.12.02, NVwZ 2003, 733 ff., 734 f.
[134] Wolff, BayVBl. 2001, 737 ff.
[135] Bartlsperger, Raumplanung zum Außenbereich, S. 183 f.; Spiecker, Raumordnung und Private, S. 237 f.; Runkel, NuR 1998, 449 ff., 452; Runkel, DVBl. 1997, 275 ff., 279; Schmidt, DVBl. 1998, 669 ff., 674; Hoppe/Bönker/Grotefels, Öffentliches Baurecht, Hoppe, § 4, Rdnr. 2 ff.; Bielenberg/Erbguth/Runkel, ROG, Runkel, K § 3, Rdnr. 185; Grotefels in: FS für Hoppe, S. 369 ff., 376 ff.; BayVGH, Urt. v. 4.4.1995, BayVBl. 1996, 81 f., 82.
[136] Schulte, NVwZ 1999, 943 ff.

Entgegen dieser Argumente bejaht eine andere vertretene Ansicht jedoch wegen der anzunehmenden Verbindlichkeit der Regelung den Zielcharakter.[137] Dafür ist anzuführen, dass gerade die Eigenschaft der Grundsätze, nämlich ihr relativer Vorrang, für die Qualifizierung der Vorbehaltsgebiete als Ziele spricht: Durch die Festlegung eines Vorbehaltsgebietes wird einem bestimmten Belang infolge einer landesplanerischen Letztentscheidung ein besonderes Gewicht verliehen, das für nachfolgende Abwägungsentscheidungen bindend ist. In Form von Grundsätzen können jedoch nur Belange festgelegt werden können, die in nachfolgenden Abwägungsentscheidungen gleichrangig neben andere Belange eingestellt werden.[138] Die Festlegung eines Vorbehaltsgebiets ist jedoch mehr als eine nur allgemeine Aussage zur Entwicklung des Raumes als Vorgabe für nachfolgende Abwägungs- oder Ermessensentscheidungen. Es wird in konkreter Weise eine Entscheidung über die weitere Raumentwicklung getroffen, wenn auch nicht vollständig abwägungsfest. Demnach werden Vorbehaltsgebiete als Ziele qualifiziert, allerdings mit einer gewissen Flexibilität.[139] Der Gehalt des Ziels bestehe darin, bestimmten Belangen ein besonderes Gewicht zu verleihen, wodurch die Anpassung an ein solches Ziel in der Beachtung und nicht nur in der Berücksichtigung der Abwägungsdirektive liege. Insoweit wird die Zielqualität von Vorbehaltsgebieten unter Billigung einer Abwägungsmöglichkeit bejaht.[140]

Eine neuere Entscheidung des Bundesverwaltungsgerichts vom 19.7.2001[141] zeigt einen denkbaren Kompromiss zu dieser umstrittenen Problematik auf, indem die Möglichkeit angedacht wird, dass es keinen einheitlichen Zielbegriff gäbe. Das Gericht führt aus, dass nicht alle Ziele der Raumordnung und Landesplanung die inhaltlichen Voraussetzungen erfüllen. So wirkten nicht alle Ziele unmittelbar auf die Vorhabenszulassung nach § 35 Abs. 3 BauGB ein. Zudem komme Zielqualität im Sinne der Raumordnungsklausel des § 35 Abs. 3 BauGB nur den Planaussagen zu, die über den Regelungsgehalt des § 35 Abs. 3 BauGB hinausgingen. Diesem - zunächst einen Kompromiss aufzeigenden - Gedanken des Bundesverwaltungsgerichts steht jedoch das in § 3 Nr. 2 ROG zum Ausdruck kommende gesetzgeberische Bemühen entgegen.

Festgehalten werden kann, dass das Bundesverwaltungsgericht in neuerer Zeit Vorbehaltsgebieten den Zielcharakter im Sinne des § 35 Abs. 3 BauGB abge-

---

[137] Goppel, BayVBl. 2002, 449 ff.; Hendler in Jarass (Hrsg.), Raumordnungsgebiete, S. 88 ff., 106 ff., 108 ff.; Hendler, Rechtsgutachten z. Regionalplan Oberpfalz-Nord v. 26.9.00, S. 4; BayVGH, Urt. v. 14.10.1996, BayVBl. 1997, 178 f., 179.
[138] BayVBl. 1998, 436 ff., 437.
[139] Hendler in: Jarass, Raumordnungsgebiete, S. 88, 106 ff.; Goppel, BayVBl. 1998, 289 ff., 291; Goppel in Jarass, Raumordnungsgebiete, 26, 27 ff.; Manssen in Wallerath, S. 31 ff., 39 f.; NuR 1997, 291 ff., 293; BayVBl. 97, 178 ff.
[140] BayVGH, BayVBl. 1998, 436 ff.; BayVGH, BayVBl. 1999, 691 ff., 693.
[141] BVerwG, NVwZ 2002, 476 ff.

sprochen hat.[142] Demnach ordnet § 7 Abs. 4 Satz 1 Nr. 2 ROG Vorbehaltsgebiete den Grundsätzen zu.[143] Dem ist im Hinblick auf die Ausschlusswirkung zuzustimmen, da eine Ausschlusswirkung nur dann eintreten kann, wenn gleichzeitig eine qualifizierte Standortzuweisung für die privilegierte Windenergienutzung vorgenommen wird.[144] Dieses Privileg genießen nach der gesetzgeberischen Konzeption ausschließlich Vorrang- und Eignungsgebiete. Durch die Ausweisung von Vorbehaltsgebieten kann eine qualifizierte Standortzuweisung indes nicht sichergestellt werden. Zwar ist es keine zwingende Folge dieser Argumentation, den Zielcharakter für Vorbehaltsgebiete auch bei Positivausweisungen, insbesondere für die Abschichtungsklausel des § 35 Abs. 3 Satz 2 BauGB zu verneinen. Dennoch sollte dies nicht in Frage gestellt werde, da eine weitere Zersplitterung des Meinungsstandes zu dieser Problematik nicht weiterführend ist.

(2) Praktische Relevanz für die Windenergie

Für die Ausweisung von Standorten für Windenergieanlagen kommen Vorbehaltsgebiete auch nach der gesetzlichen Schaffung der Eignungsgebiete durchaus noch in Betracht. Allerdings werden beispielsweise in Schleswig-Holstein Vorbehaltsgebiete nur dann ausgewiesen, wenn Projekte nur örtlich bedingt durchführbar sind.

In der bayerischen Regionalplanung werden Vorbehaltsgebiete vielfach verwendet, um Flächen für die Errichtung von Windenergieanlagen auszuweisen. So wurden Vorrang- und Vorbehaltsgebiete für die Windenergienutzung in den Regionalplänen Allgäu, Oberfranken-West und Oberfranken-Ost verwendet. Ferner wurden auch im Regionalplan Oberpfalz-Nord Vorbehaltsgebiete für die Windenergienutzung ausgewiesen. Ergänzend wurde in diesem festgelegt, dass außerhalb der Vorbehaltsgebiete liegende Flächen für die Windenergienutzung in der Regel ausgeschlossen sein sollen. Diese Vorgehensweise schafft letztlich ein Gebiet mit der Eigenschaft eines Eignungsgebietes. Auch der Regionalplanentwurf der Region Regensburg sieht eine Ausweisung von Gebieten als Vorbehaltsgebiete für die Nutzung der Windenergie vor, in der diese Nutzung konzentriert werden soll. Zusätzlich sieht der Regionalplanentwurf der Region Regensburg die Festlegung von Ausschlussgebieten vor. In den Vorbehaltsgebieten soll der Nutzung der Windenergie gegenüber konkurrierenden Nutzungen ein

---

[142] BVerwG, NVwZ 2003, 738 ff., 742.
[143] So auch: Bartlsperger, Raumordnungsgebiete mit besonderer Funktion, S 150 f.; Runkel, NuR 1998, 449 ff., 452; BVerwG, Urteil v. 13.3.2003, NVwZ 2003, 738 ff., 742.
[144] Schmidt, DVBl. 1998, 669 ff., 674; Manssen, Manuskript ALR, 6.4.2.1.

besonderes Gewicht zukommen. Diese Konstruktion entspricht damit qualitativ ebenfalls der Ausweisung eines Eignungsgebietes.

Der Regionalplan Allgäu hingegen weist Vorbehaltsgebiete für die Windenergienutzung aus und schließt nur in bestimmten anderen Regionen die Nutzung der Windenergie ganz aus. Dabei soll die Windenergienutzung konzentriert werden auf die Vorbehaltsgebiete, wobei auch außerhalb dieser eine Nutzung möglich sein soll, wenn in dem betroffenen Gebiet kein Ausschluss dieser Nutzung festgelegt wurde. Diese Festlegungsvariante entspricht somit nicht der Situation bei Festlegung eines Eignungsgebietes im Sinne des § 7 Abs. 4 Satz 1 Nr. 3 ROG.

Der Entwurf des Regionalplans Regensburg nennt als Auswahlkriterien für die Festlegung der Vorbehaltsgebiete insbesondere die Windhöffigkeit des jeweiligen Gebietes. Als Grundlage zur Feststellung der jeweiligen Windhöffigkeit wird der Bayerische Solar- und Windatlas herangezogen. Die auf diese Weise gefundenen Gebiete sind auf konkurrierende andere Belange hin zu untersuchen, wie insbesondere darauf, dass ein ausreichender Abstand zu Siedlungsbereichen und öffentlichen Straßen, Bahnlinien, Stromleitungen, Sendeanlagen und Richtfunktrassen sowie militärischen Anlagen gewahrt wird. Weitere zu berücksichtigende konkurrierende Belange sind solche des Tourismus, des Kurwesens, der Freizeit- und Erholungsschwerpunkte, der Campingplätze wie auch Vorrang- und Vorbehaltsflächen für die Gewinnung von Bodenschätzen. Die nach dieser Überprüfung verbleibenden Gebiete sind anschließend auf konkurrierende naturschutzfachliche Belange hin zu überprüfen.

c) **Eignungsgebiete**

Eignungsgebiete sind nach § 7 Abs. 4 Satz 1 Nr. 3 ROG Gebiete, die für bestimmte raumbedeutsame Maßnahmen, die städtebaulich nach § 35 BauGB zu beurteilen sind und an anderer Stelle im Planungsgebiet ausgeschlossen werden, geeignet sind. Gesetzgeberische Motivation zur Schaffung der Eignungsgebiete als eigene Gebietsart war vor allem die raumordnerische Steuerung von nach § 35 Abs. 1 BauGB privilegierten Außenbereichsvorhaben.[145] Durch die Festsetzung von Eignungsgebieten kann aus der überörtlichen Sicht der Raumordnung einer unerwünschten Entwicklung von Vorhaben, insbesondere der unerwünschten Errichtung und Nutzung von Windenergieanlagen,[146] durch landesplanerische Konzentrationsanordnungen entgegengewirkt werden.[147] In diesem

---

[145] Spiecker, Raumordnung und Private, S.241 ff., 247 f.; BR-Drs. 635/96, S. 84.
[146] Runkel, DVBl. 1997, 275 ff.
[147] Bartlsperger, Raumordnungsgebiete mit besonderer Funktion, S. 119 ff., 121.

Sinne dienen die Eignungsgebiete als raumordnerisches Korrektiv für das Privilegierungsmodell des § 35 Abs. 1 BauGB.[148] Außergebietlich haben Eignungsgebiete eine Ausschlusswirkung für die raumbedeutsamen Maßnahmen, für die sie innergebietlich geeignete Flächen ausweisen. Dementsprechend haben Eignungsgebiete außergebietlich die Wirkung eines Ziels im Sinne von § 3 Nr. 2 ROG.[149] Als Ziele sind Eignungsgebiete somit in ihrer außergebietlichen Wirkung von der kommunalen Bauleitplanung zu beachten.[150]

Strittig ist die Qualifizierung der innergebietlichen Wirkung von Eignungsgebieten: Zum Teil wird vertreten, sie seien nichts anderes, als die Festlegung eines negativ wirkenden Ausschlussziels für bestimmte Maßnahmen. Innergebietlich sei die Zulässigkeit von Vorhaben deshalb weiterhin nach den §§ 35 ff. BauGB zu entscheiden, wie dies auch ohne Festlegung eines Eignungsgebiets geschehen würde. Nach dieser Ansicht haben Eignungsgebiete nur außergebietlich die Wirkung eines Ziels.[151] Es wird jedoch auch vertreten, dass die innergebietliche Aussage auf das raumordnerisch Mögliche hinweise und somit auch innergebietlich eine über die bloße tatsächliche Eignung hinausgehende Aussage getroffen werde. Demnach wäre das Eignungsgebiet innergebietlich ein Grundsatz der Raumordnung nach § 3 Nr. 3 ROG, der ein einfaches Berücksichtigungsgebot im Rahmen der Entscheidung über die raumbedeutsame Maßnahme auslöst.[152] Eine weitere Ansicht spricht dem Eignungsgebiet innergebietlich die Wirkung eines Vorbehaltsgebiets zu.[153] Für die innergebietliche Charakterisierung als Vorbehaltsgebiet ist anzuführen, dass die Festlegung eines Eignungsgebietes im Ergebnis die Ausschlusswirkung im außergebietlichen Bereich mit einer Konzentrationsanordnung für die innergebietliche Fläche verbindet. Eine Begrenzung der Errichtung von Windenergieanlagen ist durch eine derartige Konstruktion jedoch nur dann erfolgreich möglich, wenn das jeweilige Gebiet nicht nur eine faktische Eignung für die Errichtung und Nutzung von Windenergieanlagen gewährleistet sondern auch nach rechtlicher Wertung die Durchführung möglich ist. Diesbezüglich ist im Rahmen einer Abwägung festzustellen, ob unter Berücksichtigung sonstiger Belange den Belangen des Vorhabens zumindest ein besonderes Gewicht eingeräumt werden kann.[154] Ob nach dieser Ansicht das Eignungsgebiet innergebietlich Zielqualität hat, hängt wiederum davon ab, wie das Vorbehaltsgebiet rechtlich eingeordnet wird.

---

[148] Spiecker, BayVBl. 2001, 673 ff., 673.
[149] Runkel, DVBl. 1997, 275 ff., 277; Spiecker, BayVBl. 2001, 673 ff., 678.
[150] Goppel, in Jarass, Raumordnungsgebiete, S. 33.
[151] Goppel, in Jarass, Raumordnungsgebiete, S. 33; Spiecker, BayVBl. 2001, 673.
[152] Spiecker, Raumordnung und Private, S. 245.
[153] Erbguth, DVBl. 1998, 209 ff., 211; Hendler, in Jarass (Hrsg.), Raumordnungsgebiete, S. 112 ff.; Bartlsperger, Raumordnungsgebiete mit besonderer Funktion, S. 119 ff., 153.
[154] Hendler, in Jarass (Hrsg.), Raumordnungsgebiete, S. 112 ff.

Festzuhalten ist, dass es sich bei Eignungsgebieten hinsichtlich ihrer Merkmale um eine Kombination von Ausschlussgebiet und Vorbehaltsgebiet mit einer Konzentrationswirkung für das Innengebiet handelt. Errichten die Planungsträger ein Eignungsgebiet nach § 7 Abs. 4 Nr. 3 ROG, so sind Windenergieanlagen außergebietlich ausgeschlossen, während sie innergebietlich auf die Konkretisierung durch Gemeinden angelegt sind. Die Gemeinden können also außerhalb des Eignungsgebiets im Flächennutzungsplan keine Konzentrationsflächen für Windenergieanlagen darstellen.[155]

Erforderlich ist bei der Festlegung eines Eignungsgebiets immer eine Einzelfallentscheidung. Dabei ist zu berücksichtigen, ob die kommunale Planungshoheit gewahrt bleibt. Insbesondere das Gegenstromprinzip verpflichtet die Raumordnung nach § 1 Abs. 3 ROG die gemeindlichen Belange auch bei der Ausweisung von Eignungsgebieten zu berücksichtigen. Mit in die Entscheidung einzustellen ist dabei, dass eine Gemeinde bei einem ausgewiesenen Eignungsgebiet für Windenergienutzung im Flächennutzungsplan für Teilbereiche Konzentrationszonen darstellen kann, für andere Teilgebiete hingegen beispielsweise eine überlagernde Nutzung von Landwirtschaft und Windenergie ausweisen kann und andere Teilbereiche sogar für Funktionen vorsehen kann, die eine Windenergienutzung ausschließen, solange in der Summe der Darstellung die Eignung des Gebiets für die Nutzung der Windenergie gewahrt bleibt.

d) Abwägung

Nach § 7 Abs. 7 ROG hat eine umfassende Abwägung zu erfolgen. Im Abwägungsergebnis muss ein ausgewogenes, sich auf das gesamte Planungsgebiet erstreckende Gesamtkonzept zum Ausdruck kommen.[156] Voraussetzung hierfür ist, dass das Abwägungsmaterial fehlerfrei ermittelt, eingestellt, gewichtet und ausgeglichen wird.[157] Im Rahmen der Abwägung zur Festlegung von Eignungsgebieten für Windenergieanlagen sind auch die Größe und der Zuschnitt des Gebiets festzulegen. Auszugehen ist dabei vor allem von zwei Überlegungen: Zum einen ist zunächst die Zielgröße des Strombedarfs aus Windenergie festzulegen;[158] Hierzu ist eine Bedarfsprognose aufzustellen. Zum anderen ist die raumordnerische Geeignetheit des Gebiets zur Nutzung durch Windenergieanlagen, also insbesondere die Windhöffigkeit des jeweiligen Gebiets, festzustellen.

---

[155] Runkel, DVBl. 1997, 275 ff., 279.
[156] Holz, NWVBl. 1998, 82 ff, 85; Wagner, UPR 1996, 370 ff., 374 f.
[157] Schmidt, Wirkung von Raumordnungszielen auf die Zulässigkeit privilegierter Außenbereichsvorhaben, S. 87; Spiecker, BayVBl. 2001, 673 ff., 676.
[158] Runkel, DVBl. 1997, 275 ff., 275 f.

Die festgesetzten Eignungsgebiete müssen zur Herstellung der prognostizierten Strombedarfs aus Windenergie ausreichen: Denn bei der Festsetzung von Eignungsgebieten für Windenergieanlagen muss dem Gesichtspunkt Rechnung getragen werden, dass der Gesetzgeber die Errichtung von Windenergieanlagen in § 35 Abs. 1 Nr. 6 BauGB privilegiert hat, und somit grundsätzlich unter einen eigentumssichernden Schutz gestellt hat.[159] Voraussetzung des außergebietlichen Ausschlusses, der durch die Festsetzung von Eignungsgebieten erreicht wird, ist eine ausreichende Möglichkeit der innergebietlichen Nutzung.[160] In diesem Zusammenhang muss berücksichtigt werden, dass nicht das gesamte als Eignungsgebiet ausgewiesene Gebiet tatsächlich durch die Errichtung von Windenergieanlagen genutzt werden wird; denn als Eignungsgebiet ausgewiesene Flächen beinhalten im Gegensatz zu Vorranggebieten keine strikte innergebietliche Flächensicherung, sondern ermöglichen einen weiten Ausgestaltungsspielraum auch zugunsten anderer Nutzungen.[161] Folglich ist die größenmäßige Ausweisung als Eignungsgebiet nicht ausreichend, wenn die Deckung des Strombedarfs aus Windenergie nur bei einer vollständigen Ausnutzung der als geeignet ausgewiesenen Fläche ausreichen würde. Deswegen sind von der Planungsbehörde alle übrigen möglichen Nutzungen des Eignungsgebietes in die Abwägung mit einzustellen, so dass im Ergebnis für die Windenergienutzung ausgewiesene Eignungsgebiete erheblich größer sein müssen, als entsprechende, auszuweisende Vorranggebiete.[162]

e) **Planungsbedürfnis**

Im Hinblick auf die Planungshoheit von Gemeinden ist Voraussetzung für die Festlegung eines Eignungsgebiets, dass die Errichtung durch ein überörtliches Interesse gerechtfertigt und verhältnismäßig ist.[163] Wegen der Möglichkeit der Konzentration durch Standortausweisungen im Flächennutzungsplan ist deshalb zu prüfen, ob eine Planung durch die Gemeinden ausreichend wäre. Ist dies zu bejahen, ist eine überörtliche Planung nicht gerechtfertigt. Ein überörtliches Interesse an einer regionsweiten Konzentration von Windenergieanlagenstandorten fehlt beispielsweise, wenn ohnehin nur in wenigen Gemeinden für die Windkraftnutzung geeignete Flächen vorhanden sind. In diesem Fall reicht eine

---

[159] Schmidt, Wirkung von Raumordnungszielen auf die Zulässigkeit privilegierter Außenbereichsvorhaben, S. 109; Redeker, in FS für Hoppe, S. 329 ff., 338.
[160] Schmidt, Wirkung von Raumordnungszielen auf die Zulässigkeit privilegierter Außenbereichsvorhaben, S. 109; Spiecker, BayVBl. 2001, 673 ff., 677.
[161] Schmidt, Wirkung von Raumordnungszielen auf die Zulässigkeit privilegierter Außenbereichsvorhaben, S. 80; Spiecker, BayVBl. 2001, 673 ff., 677.
[162] Runkel, DVBl. 1997, 275 ff., 277 f., 279.
[163] Schroeder, UPR 2000, 52 ff., 57; BVerwGE 90, 329 ff., 335.

Standortausweisung durch die kommunale Bauleitplanung.[164] Ein Planungsbedürfnis ist somit nur gegeben, wenn ein überörtlicher Interessenausgleich zwischen den unterschiedlichen Raumfunktionen und Nutzungsansprüchen in einer Region für deren geordnete Entwicklung erforderlich ist,[165] bzw. wenn über die Gemeindegrenzen hinweg großräumig ein Koordinierungsbedarf besteht.

f) Negativplanung

Unter dem Begriff „Negativplanung" ist eine Planung zu verstehen, die negative Festsetzungen trifft. Eine Negativplanung in diesem Sinne liegt somit vor, wenn die Planungsbehörden nicht positiv festlegen, wie der Raum genutzt werden soll, sondern lediglich festlegen, wie er nicht genutzt werden darf.[166] In der Bauleitplanung verbietet sich nach der herrschenden Auffassung eine reine Negativplanung.[167] Für Flächennutzungspläne ist raumplanungsrechtlich anerkannt, dass diese über die in § 35 Abs. 3 Satz 3 BauGB legalisierte „bauleitplanerische Gebiets- bzw. Standortkonzentration bestimmter privilegierter Außenbereichsvorhaben auch weitere negative Inhalte darstellen können," wenn diese auf einer positiven Planungskonzeption der Gemeinde beruhen und von einem begründeten Planungserfordernis gemäß § 1 Abs. 3 Satz 3 BauGB getragen sind.[168]

Im Raumordnungsrecht ist es zunehmend von Belang, ob und inwieweit ein Verbot der Negativplanung auch in der Raumordnung Anwendung findet. Eine ausdrückliche Aussage zur Negativplanung existiert im Raumordnungsrecht nicht. Dementsprechend lehnt sich die Beurteilung der Zulässigkeit der Negativplanung im Raumordnungsrecht überwiegend an die Kriterien zur Zulässigkeit von Negativplanung in der Bauleitplanung an, und geht auch für die Raumordnung von einem Verbot der Negativplanung aus.[169] Dennoch erscheint es fraglich, ob die für die Bauleitplanung bestehende Rechtslage in das Raumordnungsrecht zu übertragen ist.

Nach der Rechtsprechung ist die Kombination von positiver raumordnerischer Standortausweisung und negativer außergebietlicher Ausschlusswirkung unter bestimmten Voraussetzungen zulässig, soweit sie sich nicht in einer bloßen Ab-

---

[164] Stüer/Vildomec, BauR 1998, 427 ff., 432.
[165] Spiecker, BayVBl. 2001, 673 ff., 676; Holz, NWVBl. 1998, 81 ff., 84.
[166] Schulte, Gegebenheiten und Möglichkeiten der Sicherung des Abbaus oberflächennaher Bodenschätze, S. 91.
[167] Zum Meinungsstand: Bartlsperger, Raumplanung zum Außenbereich, S. 86 ff.
[168] Bartlsperger, Raumplanung zum Außenbereich, S. 88.
[169] Spiecker, Raumordnung und Private, S. 263; zum Meinungsstand allgemein: Bartlsperger, Raumplanung zum Außenbereich, S. 86 ff.

wehrplanung erschöpft.[170] Auch im Rahmen dieser Rechtsprechung, die noch zur alten Rechtslage ergangen ist, blieb somit offen, ob eine reine Negativplanung in der Raumordnung zulässig ist. Zwar zog ein Teil aus dieser Rechtsprechung den Schluss, es sei generell unzulässig, in einem Raumordnungsplan reine Ausschlussgebiete für bestimmte Nutzungen oder Funktionen mit Zielcharakter ohne Positivzuweisung festzulegen.[171] Diese Konsequenz ist der zitierten Rechtsprechung jedoch nicht zu entnehmen.[172] Insbesondere wurde durch die Schaffung der Gebietsart der Eignungsgebiete vom Gesetzgeber klargestellt, dass in der Raumordnungsplanung das Instrument der Negativplanung nicht grundsätzlich auszuschließen ist. Vielmehr ist eine ausgewogene Entwicklung und Ordnung des Raumes nur mithilfe von negativplanerischen Elementen möglich.[173] Dennoch ist eine Standortsteuerung, wie sie § 35 Abs. 3 Satz 2 und 3 BauGB in Fortschreibung der bisherigen Rechtsprechung des Bundesverwaltungsgerichts vorsieht, durch reine Negativplanung nur höchst mittelbar zu erreichen. Reine Negativplanungen sind daher nur zulässig, wenn die der Errichtung und Nutzung von Windenergieanlagen entgegenstehenden Gründe erheblich sind und gegenüber entsprechenden Nutzungsinteressen von vorneherein ein erhebliches Übergewicht haben. Liegt einer Negativplanung im Rahmen der Raumplanung ein raumordnerisches Gesamtkonzept zugrunde und ist sie aus überörtlichen Gründen erforderlich, so ist sie zulässig. Die Wahrnehmung der Raumordnungskompetenz muss somit im konkreten Fall zum Zweck einer überörtlich gesamtplanerischen Ordnung und Entwicklung des Raumes erforderlich sein. Demnach ist das Raumplanungserfordernis das einzige Zulässigkeitserfordernis für die Raumplanung. Negativplanung in Form einer unbegründeten, reinen Abwehrplanung ist hingegen auch in der Raumordnung unzulässig.

4. Bindungswirkung der Erfordernisse der Raumordnung

§ 4 ROG unterscheidet hinsichtlich der Bindungswirkung zwischen öffentlichen Stellen, Personen des Privatrechts, die raumbedeutsame Planungen und Maßnahmen in Wahrnehmung öffentlicher Aufgaben durchführen, und sonstigen Personen des Privatrechts. Ziele, Grundsätze und sonstige Erfordernisse der Raumordnung sind für diese Adressaten von unterschiedlicher Bedeutung und entfalten für diese jeweils verschiedene Wirkungen. Die folgende Darstellung zur Bindungswirkung untergliedert sich deshalb nach den von den Zielen, Grundsätzen und sonstigen Erfordernissen angesprochenen Adressaten; Es wird

---

[170] BVerwG, Beschl., NuR 1997, 397; ebenso: BayVGH, BayVBl. 1992, 529 f.
[171] Bielenberg/Erbguth/Runkel, ROG, Runkel, K § 3 ROG, Rdnr. 54 f.
[172] Bartlsperger, Raumplanung zum Außenbereich, S. 92.
[173] Auch: Spiecker, BayVBl. 2001, 673 ff., 677.

zunächst die Bindungswirkung in persönlicher Hinsicht, im weiteren die Bindungswirkung in sachlicher Hinsicht erörtert.

a) Unterscheidung nach Adressaten

(1) Öffentliche Stellen

Nach § 3 Nr. 5 ROG sind unter öffentlichen Stellen die „Behörden des Bundes und der Länder, kommunale Gebietskörperschaften, bundesunmittelbare und die der Aufsicht eines Landes unterstehenden Körperschaften, Anstalten und Stiftungen des öffentlichen Rechts" zu verstehen. Die öffentlichen Stellen haben nach § 4 Abs. 1 ROG die Ziele bei ihren raumbedeutsamen Planungen und Maßnahmen zu beachten. Dies wird als „Bindung der Fachplanungen" bezeichnet.[174] Da es sich bei den Zielen gemäß § 3 Nr. 2 ROG um abschließend abgewogene textliche oder zeichnerische Festlegungen handelt, verbleibt den öffentlichen Stellen keine Möglichkeit, die Ziele der Raumordnung durch Abwägung zu überwinden. Die Ziele der Raumordnung haben somit gegenüber dem gesamten Verwaltungsbereich des Bundes und der Länder einen Verbindlichkeitsanspruch.[175]

Während für Flächennutzungspläne auch eine Regelung durch die Aufnahme in den Katalog des § 35 Abs. 3 Satz 1 BauGB getroffen wurde, wurde für die Ziele der Raumordnung auf ein solches Vorgehen vom Gesetzgeber verzichtet. Dadurch stellt der Gesetzgeber klar, dass er den Zielen der Raumordnung und somit der Regionalplanung ein stärkeres Durchsetzungsvermögen im Hinblick auf die Entscheidung über die Zulässigkeit eines Vorhabens im Außenbereich einräumt. Auch durch gemeindliche Planung können der Windkraftnutzung widersprechende Vorgaben des Regionalplans nicht außer Kraft gesetzt werden, denn bei der Aufstellung des Flächennutzungsplans findet § 1 Abs. 4 BauGB Anwendung, was für die Gemeinden eine Anpassungspflicht zur Folge hat. Dies beinhaltet für die Gemeinden einen Verlust ihrer Planungshoheit.[176]

Eine Relativierung dieser Ausschlusswirkung der Ziele ist in verfassungskonformer Auslegung erforderlich, wenn nach § 35 BauGB entscheidungserhebliche Belange bei der Aufstellung des Regionalplans und der dabei errichteten Ziele nicht berücksichtigt wurden.[177] Zu schließen ist dies aus § 35 Abs. 3 Satz 2 BauGB, der bestimmt, dass öffentliche Belange den Windkraftanlagen als

---

[174] Büdenbender, Energierecht I, Rdnr. 306.
[175] Schmidt, DVBl. 1998, 669 ff.
[176] Berkemann, DVBl. 1989, 625 ff., 632.
[177] Erbguth/Wagner, Bauplanungsrecht, Rdnr. 457.

raumbedeutsamen Vorhaben dann nicht entgegenstehen, wenn sie bei der Darstellung als Ziele abgewogen worden sind.[178] Zudem steht einer ausnahmslosen Bindung der Zulassungsentscheidung an die Regionalplanung auch die vom Gesetzgeber gewählte Formulierung „in der Regel" in § 35 Abs. 3 Satz 3 BauGB entgegen. Es ist somit nur von einer mittelbar ausschließenden Wirkung auszugehen.

Somit ist eine Einschränkung der strikten Bindungswirkung von Zielen der Raumordnung für den Fall zu machen, dass bei der Aufstellung der Ziele der Raumordnung maßgebliche Aspekte, die im Rahmen der Prüfung nach § 35 BauGB mitentscheidend sind, noch nicht berücksichtigt wurden.[179] Werden den öffentlichen Stellen die Vorgaben nicht durch Ziele, sondern durch Grundsätze und sonstige Erfordernisse der Raumordnung gemacht, so haben sie diese nach § 4 Abs. 2 ROG in ihrer Abwägung oder bei der Ermessensausübung lediglich zu berücksichtigen.

(2) Personen des Privatrechts in Wahrnehmung öffentlicher Aufgaben

Nach § 4 Abs. 3 ROG gelten die Bestimmungen für die öffentlichen Stellen entsprechend für Personen des Privatrechts in Wahrnehmung öffentlicher Aufgaben, soweit nach § 4 Abs. 3 Nr. 1 ROG öffentliche Stellen an den Personen mehrheitlich beteiligt sind oder gemäß § 4 Abs. 3 Nr. 2 ROG die Planungen und Maßnahmen überwiegend mit öffentlichen Mitteln finanziert werden.

Diese Vorschrift findet Anwendung auf eine Vielzahl von ehemals öffentlichen Aufgaben, deren Wahrnehmung zwischenzeitlich auf Private übertragen wurde. Eine Anwendbarkeit auf privatrechtlich organisierte Energieversorgungsunternehmen kommt dabei allerdings nur in Betracht, wenn eine mehrheitlich kommunale Beteiligung im Sinne des § 4 Abs. 3 Nr. 1 ROG oder eine überwiegende öffentliche Finanzierung gemäß § 4 Abs. 3 Nr. 2 ROG gegeben ist und kumulativ die raumbedeutsame Planung oder Maßnahme in Wahrnehmung öffentlicher Aufgaben vorgenommen wird.[180] Im Schrifttum wird teilweise auf die Wortwahl des Gesetzestextes verwiesen. Nach dieser Ansicht spricht die Verwendung des Wortes „öffentlich" im Gegensatz zu „hoheitlich" oder „staatlich" für eine unmittelbare Bindung der Energieversorgungsunternehmen an die Ziele der Raumordnung.[181] Die Gegenmeinung geht allerdings davon aus, dass diese Ansicht verkennt, dass es sich bei den Energieversorgungsunternehmen um privatrecht-

---
[178] Berkemann, DVBl. 1989, 625 ff., 632.
[179] Wagner, UPR 1996, 370 ff., 375; Halama, in: FS für Schlichter, S. 201 ff., 222.
[180] Büdenbender, Energierecht I, Rdnr. 306; Hermes, Staatliche Infrastrukturverantwortung, S. 416.
[181] Dazu: Hermes, Staatliche Infrastrukturverantwortung, S. 416.

liche Wirtschaftsunternehmen handelt, die lediglich besonderer Staatsaufsicht unterliegen. Als privatrechtliche Wirtschaftsunternehmen üben die Energieversorgungsunternehmen nach dieser Meinung keine dem Bereich des öffentlichen Rechts zuzuordnende Daseinsvorsorge aus, so dass sie auch nicht als öffentliche Planungsträger im Sinne des § 4 Abs. 3 ROG eingestuft werden dürfen.[182] Es ist aber davon auszugehen, dass bei der Wahrnehmung von öffentlichen Aufgaben durch die Energieversorgungsunternehmen im Sinne des § 4 Abs. 3 ROG auch eine dem öffentlichen Recht zuzuordnende Daseinsvorsorge gegeben ist, für die unter diesen Umständen die Ziele der Raumordnung auch Bindungswirkung entfalten.[183]

Die Erfordernisse der Raumplanung entfalten keine unmittelbare Rechtswirkung gegenüber den Energieversorgungsunternehmen. Dies gilt unabhängig von der Rechtsform des Energieversorgungsunternehmens und eventuell daran bestehenden staatlichen Beteiligungen. Die Erfordernisse der Raumplanung haben lediglich eine mittelbare Wirkung auf die Energieversorgungsunternehmen im Rahmen der Anwendung des geltenden Rechts durch die Behörden; Diese besteht gemäß der in § 4 Abs. 4 Satz 1 ROG geregelten Verpflichtung der Behörden, bei Genehmigungen, Planfeststellungen und sonstigen Entscheidungen über die Zulässigkeit eines Vorhabens die Vorschriften zu den Erfordernissen der Raumordnung zu berücksichtigen.

(3) Bindungswirkung für sonstige Personen des Privatrechts

Windkraftanlagen werden häufig von privaten Investoren errichtet, das heißt der Träger der Maßnahme ist eine natürliche oder juristische Person des Privatrechts. Darunter fallen auch juristische Personen des Privatrechts an denen öffentliche Stellen mehrheitlich im Sinne des § 4 Abs. 3 ROG beteiligt sind, sofern das raumbedeutsame Vorhaben nicht als öffentliche Aufgabe wahrgenommen wird. Ausschlaggebend ist für die Bindungswirkung nicht die Rechtsform der handelnden Person, sondern die materielle Einflussmöglichkeit.[184] Als sonstige Personen des Privatrechts kommen somit insbesondere Bürger, landwirtschaftliche und gewerbliche Betriebe, Industrieunternehmen aber auch die Energieversorgungsunternehmen - soweit man eine Wahrnehmung öffentlicher Aufgaben verneint - in Betracht.

Das Bundesverfassungsgericht verneint eine unmittelbare Wirkung der Erfordernisse der Raumplanung gegenüber den sonstigen privaten Personen, da zwi-

---
[182] Büdenbender, Energierecht I, Rdnr. 306.
[183] Bielenberg/Erbguth/Runkel, ROG, K § 4, Rdnr. 233, 20.
[184] Bielenberg/Erbguth/Runkel, ROG, K § 4, Rdnr. 20.

schen dem Raumordnungsrecht nach Art. 75 Abs. 1 Nr. 4 GG und dem Bodenrecht nach Art. 74 Nr. 18 GG eine Aufgabenverteilung bestehe. Danach sei es Aufgabe der Raumordnung, die Planungen und Fachplanungen zu koordinieren und aus übergeordneten Aspekten räumliche Vorgaben zu machen.[185] Erst auf städtebaulicher Ebene werde eine unmittelbare rechtliche Beziehung zu Grund und Boden erreicht.[186] Ein bodenrechtlicher Durchgriff der Raumordnung auf sonstige Personen des Privatrechts sei nicht gegeben.[187]

Nach § 4 Abs. 4 Satz 1 ROG sind jedoch die Erfordernisse der Raumordnung bei der Erteilung von Genehmigungen oder bei sonstigen behördlichen Entscheidungen über die Zulässigkeit raumbedeutsamer Maßnahmen „zu berücksichtigen." Den Anforderungen des § 4 Abs. 4 Satz 1 ROG unterliegen neben den Zielen der Raumordnung auch die Grundsätze.[188] Grundsätze entfalten bei hinreichender Konkretisierung Bindungswirkungen gegenüber Privaten. Als abwägungs- und ermessenserhebliche - überwindbare - Belange beeinflussen sie die Entscheidungen über raumbedeutsame Maßnahmen Privater und entfalten somit eine „Außenwirkung" für Private.[189]

Die Wortwahl des § 4 Abs. 4 Satz 1 ROG beinhaltet für die Wirkung von Zielen eine deutliche Einschränkung im Hinblick auf die sonstigen privaten Personen: Die Ziele erhalten dadurch gegenüber den sonstigen privaten Personen inhaltlich den Status von Grundsätzen und sonstigen Erfordernissen der Raumordnung.[190] Sie können also durch Abwägung der genehmigenden Stelle überwunden werden. Ein planungsrechtlicher Durchgriff auf Privatpersonen ist nicht möglich, da in bezug auf die örtliche Planung lediglich Rahmenbedingungen geschaffen werden und deshalb eine weitere Konkretisierung erfolgen muss.[191] Somit haben die Ziele der Raumordnung keine unmittelbare Rechtswirkung zugunsten oder zulasten von Einzelpersonen des Privatrechts. Jedoch entfalten sie für diese mittelbare Wirkung:

Zum einen haben die öffentlichen Stellen die Ziele der Raumordnung bei raumbedeutsamen Planungen und Maßnahmen nach § 4 Abs. 1 Satz 1 ROG zu beachten. Die Gemeinden sind bereits bei der Aufstellung ihrer Bauleitpläne nach § 1 Abs. 4 BauGB verpflichtet, die Bauleitpläne den Zielen der Raumordnung anzupassen. Durch die zielkonforme Umsetzung der raumordnerischen Planung

---

[185] BVerfGE 3, 407 ff., 424 f.
[186] Bielenberg/Erbguth/Runkel, ROG, K § 4, Rdnr. 24.
[187] Bielenberg/Erbguth/Runkel, ROG, K § 4, Rdnr. 24.
[188] Kment, NVwZ 2004, 155 ff., 156.
[189] Zur Bindungswirkung von Grundsätzen für Private: Kment, NVwZ 2004, 155 ff.
[190] Schroeder, UPR 2000, 52 ff., 55.
[191] BayVGH BayVBl. 1994, 273 ff., 274; BVerwGE 90, 329 ff., 334; Runkel, DVBl. 1997, 275 ff., 277; Goppel, BayVBl. 1998, 290; Schroeder, UPR 2000, 52 ff., 55.

in den Bauleitplänen wie auch durch den Erlass von Baugenehmigungen kommt es im Weiteren zu einer Betroffenheit der Bürger. Gegenüber raumbedeutsamen Planungen und Maßnahmen Privater entfalten die Ziele der Raumordnung folglich, ebenso wie die Grundsätze und sonstigen Erfordernisse, eine Berücksichtigungspflicht, wenn Abwägungs- oder Ermessensentscheidungen zu treffen sind.[192]

Zielbindungspflichten Privater können sich zudem aus speziellen Raumordnungsklauseln aufgrund fachgesetzlicher Regelungskompetenz nach § 4 Abs. 5 ROG ergeben: Insbesondere über § 35 Abs. 3 Satz 2 und 3 BauGB haben die Ziele der Raumordnung beeinflussende Wirkung für die Errichtung von Windenergieanlagen im Außenbereich. Insoweit können sich die Ziele der Raumordnung ausnahmsweise sogar unmittelbar auf die Rechte und Pflichten Privater Personen auswirken.[193] So können die Raumordnungsziele zur Unzulässigkeit einer Windenergieanlage führen, wenn das Vorhaben mit den Zielen im Sinne des § 35 Abs. 3 Satz 2, 1. HS BauGB nicht in Einklang steht, da raumbedeutsame Vorhaben den Zielen nach dieser Vorschrift nicht widersprechen dürfen. Man spricht deshalb von der „negativen Wirkung" der Ziele.[194]

Andererseits können die Ziele zulassungsfördernde Wirkung entfalten wenn eine Übereinstimmung der geplanten Windkraftanlage mit den Zielaussagen gemäß § 35 Abs. 3 Satz 2, 2. HS. BauGB gegeben ist, da für diesen Fall die zu berücksichtigenden Belange bereits bei der Festsetzung der Ziele abschließend abgewogen worden sind. Solch massive Auswirkungen ergeben sich beispielsweise bei der Ausweisung von Vorranggebieten für die Gewinnung von Bodenschätzen oder von Eignungsgebieten für die Errichtung von Windenergienanlagen.[195]

Öffentliche Belange stehen einer Windenergieanlage nach § 35 Abs. 3 Satz 3 BauGB „in der Regel auch dann entgegen" wenn durch die Zielfestsetzung der Raumordnung hierfür bereits ein Standort an anderer Stelle, zum Beispiel durch die Festlegung eines Eignungsgebietes nach § 7 Abs. 4 Satz 1 Nr. 3 ROG, ausgewiesen wurde. Einwendungen gegen die unmittelbare Wirkung von Zielen der Raumordnung über die speziellen Raumordnungsklauseln stützen sich auf die massiven Auswirkungen, die derartig konkrete landesplanerische Letztentscheidungen auf die Rechtspositionen Einzelner haben können.[196]

---

[192] Runkel, UPR 1997, 1 ff., 4.
[193] Schroeder, UPR 2000, 52 ff.; 55.
[194] Battis/Krautzberger/Löhr, BauGB, Krautzberger, § 35 BauGB, Rdnr. 72.
[195] Schroeder, UPR 2000, 52 ff., 55.
[196] Blümel, Rechtsschutz gegen Raumordnungspläne, VerwArch 84 (1993), 123, 135.

b) Raumbedeutsamkeit

Voraussetzung dafür, dass Windkraftanlagen von der Regionalplanung überhaupt erfasst werden ist, dass es sich bei der jeweils zu errichtenden Anlage um ein raumbedeutsames Vorhaben handelt. Grundlage dieser Beschränkung ist die Kompetenzzuweisung in Art. 75 Abs. 1 Nr. 4 GG.[197] Durch diese Einschränkung der landesplanerischen Einflussnahme wird die Steuerungsfähigkeit von privilegierten Anlagen beschränkt: Gemäß § 35 Abs. 3 Satz 2 BauGB kann die Ausschlusswirkung einer Konzentrationszone nur raumbedeutsamen Vorhaben entgegenstehen. Es handelt sich dabei um „den sachlich gegenständlichen Teilaspekt des „Raumordnungserfordernisses" als genereller Kompetenzvoraussetzung und Kompetenzbegrenzung jeder Raumordnung."[198] Was unter raumbedeutsamen Vorhaben zu verstehen ist, ist gesetzlich definiert in § 3 Nr. 6 ROG: Raumbedeutsam sind gemäß dieser Vorschrift Vorhaben oder sonstige Maßnahmen, durch die Raum, das heißt eine größere Fläche, in Anspruch genommen wird (raumbeanspruchend), oder durch die die räumliche Entwicklung oder Funktion eines Gebietes beeinflusst wird (raumbeeinflussend). Mit dieser Legaldefinition raumbedeutsamer Planungen und Maßnahmen wird das Raumordnungserfordernis als Kompetenzvoraussetzung der Raumordnung herausgestellt, „als es um die Folgerungen für den sachlich gegenständlichen Regelungs- und Gestaltungsanspruch der Raumordnung geht."[199]

Positive Festlegungsinhalte in Raumordnungsplänen führen zu einer Raumbedeutsamkeit der begünstigten Planungen und Maßnahmen, weil sie in kompetenzrechtlich zulässiger Weise zum Gegenstand der begünstigenden Gesamtplanung gemacht wurden.[200] Das Raumordnungserfordernis schließt für alle begünstigten Planungen, Vorhaben und Maßnahmen bereits deren Raumbedeutsamkeit mit ein. Wird ein Vorrang- oder Vorbehaltsgebiet für Windenergieanlagen festgelegt, so werden in diesem Gebiet alle Windenergieanlagen in raumordnungsrechtlicher Hinsicht begünstigt. Dabei kommt es auf die Ausgestaltung der Windenergieanlagen im Einzelnen nicht mehr an. Besteht somit ein Raumordnungserfordernis für die betreffenden Festlegungen, so erübrigt sich eine konkrete Beurteilung der Raumbedeutsamkeit der begünstigten Planungen, Vorhaben und Maßnahmen.

Zwar geht eine weit verbreitete Ansicht von einer gegenständlichen Betrachtung aus. In diesem Sinn wird vertreten, dass maßgebend hierbei die Dimension der Anlage, die Anzahl der zu errichtenden Anlagen und der damit verbundene Flä-

---

[197] Gutachten des BVerfG v. 16.06.1954, E 407, 425; Paßlick, S. 68 ff.
[198] Bartlsperger, Raumplanung zum Außenbereich, S. 110 f.
[199] Bartlsperger, Raumplanung zum Außenbereich, S. 110 f.
[200] Bartlsperger, Raumplanung zum Außenbereich, S. 110.

chenverbrauch, der konkrete Standort - insbesondere die Einsehbarkeit auf den Standort - und die Auswirkungen der Anlage auf bestimmte, als Ziel gesicherte, Raumfunktionen sei.[201] Auch in den einzelnen Bundesländern existieren in diesem Sinne verschiedene Lösungsansätze zur Bestimmung der Raumbedeutsamkeit: Während die Länder Brandenburg und Rheinland-Pfalz die Raumbedeutsamkeit an der Höhe der einzelnen Anlage festmachen wollen, versuchen andere Bundesländer das Merkmal der Raumbedeutsamkeit anhand der Anzahl der Anlagen zu bestimmen.[202] Die gegenstandsbezogene Betrachtung einer einzelnen Maßnahme zur Ermittlung der Qualifikation einer Anlage als raumbeeinflussend überzeugt jedoch nicht. Stattdessen ist ein raumordnungsorientierter Ansatzpunkt zu wählen. Es ist davon auszugehen, dass das für Festlegungsinhalte von Raumordnungsplänen begründete „Raumordnungserfordernis" für alle hierbei begünstigten Arten von Planungen, Vorhaben und sonstigen Maßnahmen stets auch schon deren „Raumbedeutsamkeit" mit einschließt.[203] Besteht also für die betreffende Festlegung ein „Raumordnungserfordernis", so erübrigt sich demnach eine eigene konkrete Beurteilung zur „Raumbedeutsamkeit" der hierbei begünstigten Planungen, Vorhaben und sonstigen Maßnahmen. Hierfür spricht, dass § 3 Nr. 6 ROG ausdrücklich nur die kompetenzrechtliche Selbstrechtfertigung der Raumordnung aus einer gesamtplanerischen und Konzeption heranzieht, wenn als „raumbedeutsam" alle Planungen, Vorhaben und sonstigen Maßnahmen bezeichnet werden, „durch die Raum in Anspruch genommen oder die räumliche Entwicklung oder Funktion eines Gebietes beeinflusst wird." Demnach ist eine gegenständliche, konkrete Einzelfallprüfung der „Raumbedeutsamkeit" rechtlich ausgeschlossen. Als Kriterium, ob ein Vorhaben raumbedeutsam ist, kann nur herangezogen werden, ob der betreffende Raumordnungsplan aufgrund der Gegebenheiten des Raumes begründet ein Raumordnungserfordernis angenommen hat.[204]

Planungen, Vorhaben und Sonstige Maßnahmen werden von der Raumordnungskompetenz nur insofern erfasst, als diese aufgrund ihrer Ausgestaltung oder Wirkung raumbeanspruchend oder raumbeeinflussend im Sinne des § 3 Nr. 6 ROG sind.[205] Die Kriterien Raumbeanspruchung und Raumbeeinflussung verlangen immer ein Urteil darüber, ob die betreffende Maßnahme eine Relevanz für die sachlichen Gegebenheiten des betreffenden raumordnungsrechtlich maßgeblichen Raumes beziehungsweise Teilraumes haben. Dabei geht

---

[201] Runkel, DVBl. 1997, 275 ff, 278; Erbguth/Wagner, Bauplanungsrecht, Rdnr. 461; Beurteilung der Raumbedeutsamkeit anhand der Höhe einer Anlage: VG Magdeburg, Beschl. v. 19.4.01-4 B 371/00; OVG Sachsen-Anhalt, Beschl. v. 29.8.01, -2 M 130/01.
[202] Berghaus, ZNER 2002, 138 ff., 138.
[203] Bartlsperger, Raumplanung zum Außenbereich, S. 111 ff.
[204] Bartlsperger, Raumplanung zum Außenbereich, S. 113.
[205] Bielenberg/Erbguth/Runkel, ROG, Runkel, K § 3 ROG, Rdnr. 231 ff.

es um die Wechselwirkung zwischen der betreffenden Maßnahme einerseits sowie dem vorhandenen und gegebenenfalls raumordnerisch bereits manifestierten gesollten Gegebenheiten des Raumes andererseits.[206] Die erforderliche Sachverhaltsbeurteilung kann dementsprechend nicht isoliert maßnahmebezogen erfolgen. Erforderlich ist vielmehr immer eine wechselbezüglich raumbezogene Sachverhaltsbeurteilung.

Eine Einzelfallprüfung von Planungen, Vorhaben und sonstigen Maßnahmen auf ihr Raumbedeutsamkeit hin hingegen hat zu erfolgen, wenn Landesplanungsbehörden eine raumordnungsrechtliche Einzelentscheidung, Einzelbeurteilung oder sonstige Einzelaktivität vornehmen. Diesbezüglich kommen in Betracht die landesplanungsbehördliche Untersagung raumordnungswidriger Planungen und Maßnahmen im Sinne des § 12 ROG, raumordnerische Aktivitäten zur Verwirklichung der Raumordnungspläne nach § 13 ROG sowie Abstimmungen raumbedeutsamer Planungen und Maßnahmen gemäß § 14 ROG, Raumordnungsverfahren nach § 15 ROG, landesplanerische Stellungnahmen im Sinne des § 3 Nr. 4 ROG sowie Beurteilungen zum Einzelvorbehalt für die Durchführung von verordnungsrechtlich vorgesehenen Raumordnungsverfahren nach § 17 Abs. 2 ROG. Ebenso beurteilt sich die Raumbedeutsamkeit nach den wirklichen, konkreten Verhältnissen, wenn der Festlegungsinhalt eines Raumordnungsplanes eine konkrete, projekt- beziehungsweise funktions- oder standortbezogen bestimmte Maßnahme betrifft. Der Raumordnungsplan hingegen, der beispielsweise Windenergieanlagen in einem bestimmten Gebiet raumordnerisch privilegiert oder ausschließt, nimmt die Raumbedeutsamkeit der betroffenen Vorhaben in abstrakt tatbestandlicher Weise an. Er nimmt somit die Kompetenz in Anspruch, das Raumordnungserfordernis und die Raumbedeutsamkeit von Vorhaben abstrahierend beurteilen zu können.[207]

Festzuhalten ist, dass eine fallweise Beurteilung der Raumbedeutsamkeit von Vorhaben sich erübrigt und kompetenzrechtlich verbietet. Soweit eine Festlegung getroffen wurde, ist die betroffene Maßnahme auch raumbedeutsam. Entsprechendes gilt für die durch die positive Festlegung ausgeschlossenen - da der positiven Festlegung widersprechenden - Planungen, Vorhaben und Maßnahmen, da sie in einem raumbedeutsamen Widerspruch mit den positiven Festlegungsinhalten stehen. Diese Ausführungen zur Raumbedeutsamkeit gelten auch für negative Festlegungsinhalte von Raumordnungsplänen.[208] Auch negative Festlegungsinhalte von Raumordnungsplänen können mittels einer abstrakten tatbestandlichen Erfassung die Raumbedeutsamkeit im Sinne des § 3 Nr. 6 ROG

---

[206] Bartlsperger, Raumplanung zum Außenbereich, S. 117.
[207] Bartlsperger, Raumplanung zum Außenbereich, S. 119 f.
[208] Hierzu ausführlich: Bartlsperger, Raumplanung zum Außenbereich, S. 111 ff., 124 ff.

zusprechen, so dass auch bei negativen Festlegungen sich eine fallweise Beurteilung der Raumbedeutsamkeit erübrigt und kompetenzrechtlich verbietet.

5. Die Ausschlusswirkung im Sinne des § 35 Abs. 3 Satz 3 BauGB

a) Schlüssiges Plankonzept als Voraussetzung

Windenergieanlagen sind privilegierte Vorhaben im Außenbereich gemäß § 35 Abs. 1 Nr. 6 BauGB. Dennoch besteht die Möglichkeit der planerischen Steuerung durch § 35 Abs. 3 BauGB. Wird von dieser Möglichkeit Gebrauch gemacht, ist nach der Rechtsprechung des Bundesverwaltungsgerichts die vom Gesetzgeber geschaffene Privilegierung zu beachten und „für die Windenergienutzung im Plangebiet in substanzieller Weise Raum" zu schaffen.[209] Es ist somit sicherzustellen, dass an anderer Stelle Raum für die Nutzung der Windenergie geschaffen wird.

Die Ausschlusswirkung im Sinne des § 35 Abs. 3 Satz 3 BauGB setzt ein schlüssiges Plankonzept voraus. Ein schlüssiges Plankonzept erfordert, dass zunächst die windhöffigen, das heißt die für die Nutzung der Windenergie geeigneten Gebiete ermittelt werden, von denen anschließend die aufgrund von Ausschlussgründen nicht geeigneten Standorte herauszunehmen sind. Somit ist zu untersuchen, welche Ausschlussgründe einer Windenergienutzung an nach ihrer Windhöffigkeit dafür geeigneten Standorten entgegenstehen können. Gemäß § 35 Abs. 3 Satz 3 BauGB stehen öffentliche Belange einem nach § 35 Abs. 1 BauGB privilegierten Vorhaben in der Regel entgegen, soweit durch Zielfestsetzungen in der Raumordnung hierfür bereits an anderer Stelle ein Standort im Plangebiet vorgesehen ist. Im Zusammenhang mit der Errichtung und Nutzung von Windenergieanlagen kommen für die Ausweisung von anderen Standorten Vorrang- und Eignungsgebiete in Betracht.[210] Die Ausschlusswirkung nach § 35 Abs. 3 Satz 3 BauGB kann nach der Rechtsprechung des Bundesverwaltungsgerichts durch die Ausweisung von Vorbehaltsgebieten gemäß § 7 Abs. 1 Nr. 2 BauGB jedoch nicht erreicht werden, da diesen keine Zielqualität zukomme und sie somit den Anforderungen des § 35 Abs. 3 Satz 3 BauGB nicht genügen.[211]

Raumbedeutsame Bauvorhaben, zum Beispiel raumbedeutsame Windenergieanlagen, können durch eine positive Standortausweisung in bestimmten Außenbereichsgebieten konzentriert werden, während der übrige Planungsraum auf

---
[209] BVerwG, NVwZ 2003, 738 ff., 739; BVerwG, NVwZ 2003, 733 ff., 735.
[210] BVerwG, NVwZ 2003, 738 ff, 742.
[211] BVerwG, NVwZ 2003, 738 ff, 742.

diese Weise von ihnen freigehalten werden kann. Nur die Entscheidung über den endgültigen Standort in der ausgewiesenen Konzentrationszone bleibt der kommunalen Bauleitplanung vorbehalten.

Bei § 35 Abs. 3 Satz 2 und Satz 3 BauGB, § 3 Nr. 2 ROG handelt es sich um eine unmittelbar wirkende Raumordnungsklausel.[212] Danach ausgewiesene Ziele können gemäß § 35 Abs. 3 Satz 2 BauGB nur raumbedeutsamen Vorhaben entgegengehalten werden. Folge ist, dass ein Vorhaben nur dann durch die Festlegung der Ziele der Raumordnung verhindert werden kann wenn es selbst raumbedeutsam nach § 3 Nr. 6 ROG ist. Ferner ist Voraussetzung, dass die Festlegung der Ziele nicht abwägungsfehlerhaft ist und dadurch das Abwägungsergebnis beeinflusst wurde. Das setzt insbesondere voraus, dass mit der gebotenen Genauigkeit abgewogen wird, inwieweit für konkret abgegrenzte Bereiche das Interesse an der Nutzung der Windenergie Vorrang hat oder inwieweit andere, gegen die Nutzung der Windenergie sprechende Gesichtspunkte höher zu bewerten sind.[213] Angesichts des öffentlichen Interesses an einer Nutzung der Windenergie und somit an der Errichtung von Windenergieanlagen in Gebieten mit ausreichendem Windvorkommen ist konkret und für kleinere Bereiche festzustellen, wie die Windvorkommen verteilt sind und wo andere Gesichtspunkte von entsprechendem Gewicht einer Errichtung und Nutzung entgegenstehen. Es wird vertreten, dass eine an Kommunalgrenzen orientierte Abwägung diesen Anforderungen nicht genügt, sondern zu pauschal sei.[214] Dem ist jedoch entgegenzuhalten, dass bei Raumordnungsplänen eine Orientierung an Kommunalgrenzen rechtlich veranlasst ist. So darf nach Art. 2 Nr. 2 Satz 3 BayLplG das Gebiet einzelner Gemeinden nicht geteilt werden. Demnach bleibt eine parzellenscharfe Aussage der gemeindlichen Bauleitplanung vorbehalten, während die Raumordnung sich in der Regel auf gemeindescharfe Festlegungen beschränkt. Ein anderes Verständnis würde unweigerlich zu Eingriffen in die Planungshoheit der Gemeinden führen und ist deshalb abzulehnen.

b) Vereinbarkeit mit Art. 14 Abs. 1 GG

Die regionalplanerische Festlegung von Ausschlussgebieten im Sinne des § 35 Abs. 3 Satz 3 BauGB führt zu einem Eingriff in die Grundrechte privater Grundstückseigentümer und Anlagenbetreiber. Insoweit stellt sich die Frage, ob im Hinblick auf die Eigentumsgarantie des Art. 14 Abs. 1 GG, die Ziele der Raumordnung die in § 35 Abs. 3 Satz 3 BauGB angeordnete Ausschlusswirkung gegenüber privaten Grundstückseigentümern nur dann entfalten können, wenn

---

[212] BayVGH, 12.2.1993, Az. 26 B 89.1573; BayVGH v. 25.11.1991, BayVBl. 1992, 529 ff.
[213] VG Augsburg, Urt. v. 11.7.01, Au 4 K 00.950.
[214] VG Augsburg, Urt. v. 11.7.01, Au 4 K 00.950.

diese an der Zielfeststellung beteiligt wurden. Eine Berührung der privaten Rechtsträger in ihren Grundrechten aus Art. 12, 14 und 2 Abs. 1 GG durch die Festlegung von Ausschlussgebieten kommt in Betracht, wenn diese auf windhöffigen Flächen im Geltungsbereich eines Regionalplans die Errichtung und den Betrieb von Windenergieanlagen beabsichtigen. Teilweise wird vertreten, eine Ausschlusswirkung gegenüber privaten Grundstückseigentümern könne nur bei einer Beteiligung dieser eintreten. Begründet wird dies unter anderem mit einer Analogie zur notwendigen Beteiligung von Gemeinden, soweit in deren Recht nach Art. 28 Abs. 2 Satz 1 GG eingegriffen wird.[215] Ziele der Raumordnung besitzen zwar grundsätzlich keine rechtliche Außenwirkung gegenüber dem einzelnen Privaten. Ihr Geltungsbereich richtet sich an öffentliche Planungsträger und Personen des Privatrechts, die raumbedeutsame Planungen und Maßnahmen in Wahrnehmung öffentlicher Aufgaben vornehmen. Den raumordnerischen Konzentrationsentscheidungen wird jedoch durch § 35 Abs. 3 Satz 3 BauGB über ihren raumordnungsrechtlichen Wirkbereich hinaus die Bindungswirkung von Vorschriften verliehen, die Inhalt und Schranken des Eigentums im Sinne des Art. 14 Abs. 1 Satz 2 GG näher bestimmen.[216] Dies wirkt sich jedoch auch auf den raumordnerischen Abwägungsinhalt aus. In die Abwägung sind nach § 7 Abs. 7 Satz 2 ROG alle öffentlichen und privaten Belange einzustellen, die auf der jeweiligen Planungsebene erkennbar und von Bedeutung sind. Dabei berechtigen die Aufgaben der Raumordnung als einer zusammenfassenden, übergeordneten Planung, ihre weiträumige Sichtweise und ihr Rahmencharakter den Planungsträger dazu, das Privatinteresse an der Nutzung der Windenergie auf geeigneten Flächen im Planungsraum verallgemeinernd zu unterstellen, und als typisierte Größe in die Abwägung einzustellen.[217] Zudem ist zu berücksichtigen, dass die Ausschlusswirkung des § 35 Abs. 3 Satz 3 BauGB nicht strikt und unabdingbar ist, sondern nur „in der Regel" gilt. Die sich hieraus ergebende Ausnahmemöglichkeit ist ein Korrektiv, das unverhältnismäßigen Beschränkungen im Einzelfall vorbeugt, ohne die Grundzüge der Planung in Frage zu stellen.[218] Dementsprechend ist davon auszugehen, dass es einer Beteiligung privater Grundstücksbesitzer und Anlagenbetreiber nicht bedarf.[219] Art. 14 Abs. 1 GG hat für die Beurteilung der Rechtmäßigkeit von regionalplanerischen Festsetzungen nur eine eingeschränkte Relevanz.[220] Die Eigentumsgarantie des Grundgesetzes schützt nicht die optimale Nutzung des Eigentums.[221] Eine

---

[215] Hendler, UPR 2003, 401 ff.; Hoppe/Spoerr, NVwZ 1999, 945 ff., 948 f.; Redeker, in: FS für Hoppe, S. 329 ff., 338 f.; Spiecker, S. 391; v. Nicolai, NVwZ 2002, 1078 ff., 1080.
[216] BVerwG, NVwZ 2003, 738 ff., 741.
[217] BVerwG, NVwZ 2003, 738 ff., 741.
[218] BVerwG, NVwZ 2003, 738 ff., 741.
[219] BVerwG, NVwZ 2003, 738 ff., 741.
[220] Bartlsperger, Raumordnungsgebiete mit besonderer Funktion, S. 144 ff.; Hoppe/Spoerr, NVwZ 1999, 945 ff., 946.
[221] BVerfGE 100, 226 ff., 242 f.

Pflicht zu einer möglichst großzügigen Ausweisung von Windenergiestandorten folgt aus Art. 14 Abs. 1 GG nicht.

6. Weitere mögliche Verfahren und Instrumente

Im Rahmen einer Ermessensentscheidung der zuständigen Landesplanungsbehörde besteht die Möglichkeit, ein besonderes Raumordnungsverfahren nach § 15 ROG, auch speziell für eine bestimmte Energieanlage, durchzuführen. So wird bei Kraftwerksvorhaben oder größeren Leitungsbauprojekten ein Raumordnungsverfahren durchgeführt.[222] Durch das Raumordnungsverfahren soll auf überörtlicher Ebene eine Feinsteuerung der vorgesehenen Planungen und Maßnahmen ermöglicht werden.[223] Das Raumordnungsverfahren hat Feststellungs- und Abstimmungsfunktion: Es wird festgestellt, ob raumbedeutsame Planungen und Maßnahmen mit den Erfordernissen der Raumordnung übereinstimmen. Ferner werden die raumbedeutsamen Planungen und Maßnahmen unter den Gesichtspunkten der Raumordnung aufeinander abgestimmt. Durch das Raumordnungsverfahren ist es möglich, bei mehreren Vorschlägen eine Standortpräferenz auszusprechen. Die Ergebnisse des Raumordnungsverfahrens sind sonstige Erfordernisse der Raumordnung im Sinne von § 3 Nr. 4 ROG. Eine Bindungswirkung besteht deshalb nur nach § 4 Abs. 2 und 3 ROG. Das Ergebnis des Raumordnungsverfahrens ist somit bei der Abwägung oder Ermessensausübung zwar zu berücksichtigen, kann aber im Gegensatz zu den Zielen der Raumordnung in der Abwägung nach § 1 Abs. 6 BauGB überwunden werden.

Ein Raumordnungsverfahren nach § 15 ROG in Verbindung mit § 1 ROV ist durchzuführen, wenn eine Anlage als raumbedeutsame Planung oder Maßnahme mit überörtlicher Bedeutung gegeben ist. Nach § 1 Nr. 1 ROV bedürfen der Durchführung eines Raumordnungsverfahrens nach § 35 Abs. 1 BauGB privilegierte Anlagen, die für eine Genehmigung ein Verfahren unter Einbeziehung der Öffentlichkeit nach § 4 BImSchG bedürfen und in Nr. 1-10 der Anlage 1 zum Gesetz über die Umweltverträglichkeitsprüfung aufgeführt sind. Sachlich und räumlich im Verbund stehende Anlagen sind insoweit als Einheit anzusehen. Daneben besteht eine Befugnis der Landesbehörden, weitere raumbedeutsame Planungen und Maßnahmen von überörtlicher Bedeutung nach landesrechtlichen Vorschriften in einem Raumordnungsverfahren zu überprüfen.

Neben den bereits dargestellten Instrumenten der Raumordnung besteht in Bayern nach Art. 1 Abs. 1 Nr. 1, 15, 16 BayLplG auch die Möglichkeit zur Erstellung fachlicher Programme und Pläne. Dadurch wird den Planungsträgern die

---

[222] Bielenberg/Erbguth/Söfker, J 630, 23 ff.
[223] Battis, Baurecht und Raumordnungsrecht, S. 46.

Möglichkeit gegeben, nicht nur repressiv mit dem Raumordnungsverfahren tätig zu werden sondern positiv gestaltend eine Standortvorsorgeplanung zu treffen. Allerdings sind nur bestimmte Bereiche diesen fachlichen Plänen zugänglich. Das Landesentwicklungsprogramm bezeichnet neun Sachbereiche,[224] darunter auch die Energie. So hat Bayern zum Beispiel einen Standortsicherungsplan für Wärmekraftwerke.[225] Für Windenergie besteht in Bayern allerdings kein derartiger Plan. In Hessen, Nordrhein-Westfalen, Rheinland-Pfalz und Thüringen bestehen solche Pläne auch für Windenergieanlagen.[226]

Um eine landschaftsverträgliche, raumkoordinierte und weitestgehend konfliktfreie Errichtung von Windenergieanlagen zu ermöglichen, haben einige Länder (z. B. Nordrhein-Westfalen) Windenergieerlasse geschaffen. Diese Erlasse sind sowohl Richtlinien, als auch Abwägungsanhaltspunkte. Die Erlasse der einzelnen Länder sind allerdings noch unterschiedlich detailliert und bedienen sich teilweise auch unterschiedlicher Terminologien. Dennoch stellen die Erlasse Vorgaben und Orientierungshilfen für Planungsträger, Genehmigungsbehörden und potentielle Investoren dar.[227] In den Windenergieerlassen geht es um die Landes- und Regionalplanung sowie um die gemeindliche Planung, als darin auch Richtlinien für die baurechtliche Zulässigkeit von Vorhaben gegeben werden und dargelegt wird, ob und welche Spezialgesetze bei der Errichtung von Windenergieanlagen zu berücksichtigen sind.

In Bayern gibt es derartige Richtlinien/Empfehlungen zur Windkraftanlagen-Steuerung beispielsweise in Oberfranken. Dabei handelt es sich um Leitlinien zur Beurteilung von Windenergieanlagen im Planungs- und Genehmigungsverfahren. Auch in der Oberpfalz haben sich die beiden Regionalen Planungsverbände Oberpfalz-Nord und Regensburg entschieden, planerisch tätig zu werden und die geordnete Entwicklung der Windenergie nicht den kommunalen Planungsverbänden zu überlassen. Die fachliche Ausarbeitung der Windenergiekonzepte liegt bei der Regierung der Oberpfalz.[228] Nach Beteiligung der berührten Landkreise und Gemeinden wurde im November 1998 vom Regionalen Planungsverband Oberpfalz-Nord das Windenergiekonzept beschlossen. Dieses stellt ein einheitliches mit allen Belangen abgestimmtes und ausgewogenes Instrumentarium dar, das Planungssicherheit schaffen soll und auch dazu beitragen soll, den großen derzeitigen Antragsdruck zu bewältigen. In diesen Konzepten

---

[224] Zoubek, Sektoralisierte Landesplanung, S. 10.
[225] Bekanntmachung über die Aufstellung des fachlichen Plans Energieprogramm für Bayern - Teil „Standortsicherungsplan für Wärmekraftwerke" v. 28.07.1978, (GVBl., 557); Bekanntmachung über die Aufstellung des fachlichen Plans „Standortsicherung für Wärmekraftwerke"- Fortschreibung vom 10.01.1986, (GVBl. 11).
[226] Büdenbender, Energierecht I, Rdnr. 318.
[227] Schmidt, DVBl. 1997, 990 ff., 991.
[228] http://www.regierung.oberpfalz.bayern.de/aktuell/presse/pm99/pm99_027.htm.

sind auch Vorbehaltsgebiete und Ausschlussgebiete festgelegt, um eine Konzentration der Windenergieanlagen zu erreichen. Fehlplanungen sollen auf diese Weise vermieden werden.

7. Ausblick

Die staatliche Standortvorsorgeplanung im Rahmen von Raumordnung und Landesplanung ist ein wichtiges Instrument zur Sicherung notwendiger Investitionen in die Energiewirtschaft.[229] Neben der Findung von für die Errichtung von Windenergieanlagen geeigneten Standorten, die, wie dargestellt, eine Vielzahl von Anforderungen erfüllen müssen, hat der Staat im Rahmen der Raumordnung und Landesplanung die Aufgabe, mit einer umsichtigen Ausweisung von Standorten eine Akzeptanz in der Bevölkerung hinsichtlich dieser Energiegewinnung zu schaffen. Hierzu bedarf es einer weitsichtigen Planung. Dies gilt insbesondere im Hinblick auf den geplanten Ausstieg aus der Nutzung der Atomenergie, da es unabdingbar sein wird, die Grundversorgung mit Elektrizität durch eine Vielzahl verschiedener Energiegewinnungsarten zu sichern, wozu im Rahmen der regenerativen Energiegewinnung auch die Nutzung der Windenergie gehört. Die Änderung von § 35 BauGB und die damit verbundene Aufforderung an die Städte und Gemeinden zur Ausweisung von Vorrangflächen für Windenergie im Jahre 1996, hatte eine nachhaltige Wirkung auf die Genehmigungspraxis von Windenergieanlagen an Land. In den Küstenländern sowie in einigen Gebieten im Binnenland (zum Beispiel Nordrhein-Westfalen) haben mittlerweile 80 bis über 95 Prozent der Gesamtzahl der Gemeinden eine Ausweisung von Flächen zur Windenergienutzung vorgenommen, wie eine Umfrage, die das DEWI unter den BWE-Regionalverbänden durchführte, ergab. Im restlichen Bundesgebiet ist dieser Anteil beträchtlich kleiner und liegt bei 30 bis unter 10 Prozent der Gemeinden.[230]

II. Europäische Einflüsse auf das Raumordnungsrecht

Umwelt- und Regionalpolitik sind seit ca. 30 Jahren ein integraler Bestandteil der europäischen Politik. Sowohl die Umwelt- als auch die Regionalpolitik stehen in engem Zusammenhang mit der Raumordnungspolitik. Die Raumordnungspolitik ist im Gegensatz zu den beiden anderen Bereichen jedoch erst zu Beginn der neunziger Jahre zu einem Politikbereich der EG gemacht worden.[231]

---

[229] Büdenbender, Energierecht I, Rdnr. 323.
[230] http://www.wind-energie.de/wissen.
[231] Spannowsky, UPR 1998, 161 ff., 161.

Während bisher galt, dass das Europäische Gemeinschaftsrecht für das Planungsrecht lediglich von untergeordneter Bedeutung ist,[232] nimmt die zunehmende Globalisierung inzwischen auch immer mehr Einfluss auf die Raumordnung und Landesplanung. So ist seit Anfang der neunziger Jahre der Umwelt- und Klimaschutz auch ein Gemeinschaftsziel der Europäischen Union. Die Zieldeterminierung erfolgt dabei insbesondere durch die Vereinbarung internationaler Verpflichtungen. Diesbezüglich zu nennen sind vor allem das Rahmenabkommen der Vereinten Nationen über Klimaänderungen[233] sowie das Kyoto-Protokoll. Der enorme Beitrag der erneuerbaren Energien auf dem Weg zur Zielerreichung wird in der Europäischen Union stets herausgestellt.[234] Als politisches Instrumentarium im Hinblick auf die Zielerreichung schlägt die EU-Kommission unter anderem die Einräumung von Prioritäten bei Städtebau und Bodennutzung zugunsten der erneuerbaren Energien vor.[235] Dies weist bereits auf die europäischen Einflüsse auf Raumordnung und Landesplanung hin.

Im Hinblick auf die räumliche Steuerung von Windenergieanlagen machen sich die europäischen Einflüsse vor allem durch die europäischen Richtlinien bemerkbar, die bei der Ausweisung von Standorten für die Windenergie aber auch im Rahmen der Genehmigungserteilungen für derartige Vorhaben zu beachten sind: Insbesondere die Fauna-Flora-Habitat-Richtlinie[236] und die Vogelschutzrichtlinie[237] der Europäischen Union haben nämlich nicht nur Auswirkungen auf die nationale Naturschutzpolitik, sondern auch auf die Planungspraxis in Deutschland.

Im Landesentwicklungsprogramm für Bayern 2003 wurden die Anforderungen der Flora-Fauna-Habitat-Richtlinie (FFH-RL) und der Vogelschutzrichtlinie für die gemeldeten Natura-2000-Gebiete bereits berücksichtigt. Diese Gebiete unterliegen einem Verschlechterungsverbot (vgl. Art. 6 Abs. 2 FFH-Richtlinie, Art. 13 c BayNatSchG). Auch Pläne dürfen den Schutzzweck oder die Erhaltungsziele der Natura 2000-Gebiete nicht erheblich beeinträchtigen. Eine "erhebliche Beeinträchtigung" von Natura 2000-Gebieten ist allerdings nur bei

---

[232] Büdenbender, Energierecht I, Rdnr. 297.
[233] „Rahmenübereinkommen der Vereinten Nationen über Klimaänderungen" v. 9.5.1992 (BGBl. 1993 II S. 1784), in Kraft getreten am 21.3.1994 (vgl. BGBl. 1995 II, S. 316).
[234] Entschließung 98/C 198/01 des Rates v. 8.6.1998 über Erneuerbare Energieträger, ABl. 1998, C 198, S. I; Entscheidung Nr. 646/2000/EG des Europäischen Parlaments und des Rates v. 28.2.00 ü. ein Mehrjahresprogramm zur Förderung der erneuerbaren Energieträger in der Gemeinschaft, ABl. 2000, L 79, S. I; dazu: Tettinger, in Dolde (Hrsg.), S. 949 ff., S. 952.
[235] Tettinger, in Dolde (Hrsg.), S. 949 ff., S. 953.
[236] RL 92/43/EWG des Rates zur Erhaltung der natürlichen Lebensräume sowie der wildlebenden Tiere und Pflanzen v. 21.5.1992 (ABl. EG Nr. L 206 S. 7, ABl. EG Nr. L 305 S. 42).
[237] RL 79/409/EWG über die Erhaltung der wildlebenden Vogelarten v. 2.4.1979, zuletzt geändert am 29.7.1997.

Zielen denkbar, die konkret und ortsbezogen formuliert sind; Dies ist im Allgemeinen lediglich bei Vorranggebieten und räumlich konkreten projektbezogenen Zielen der Fall. Um mögliche Beeinträchtigungen festzustellen wurden Verträglichkeitsabschätzungen durchgeführt, die ergaben, dass keine bzw. keine erheblichen Beeinträchtigungen zu erwarten sind.

Im Rahmen dieses Kapitels wird untersucht, wodurch und in welcher Weise eine Einflussnahme auf die nationale Raumordnung und Landesplanung besteht: Durch europäische Vorgaben werden nationale Planungen gelenkt. Dies geschieht zum einen durch Richtlinien, die auf die nationale Planung Auswirkung haben, sowie zum anderen durch das raumwirksame „soft law", durch das raumwirksame Leistungsrecht und durch raumwirksames Ordnungs- und Planungsrecht. Als „soft law" gelten rechtlich unverbindliche Instrumente, die aber große praktische Bedeutung entfalten, wie insbesondere das Europäische Raumentwicklungskonzept (EUREK),[238] in dem sich die Mitgliedstaaten und die Kommission auf gemeinsame räumliche Ziele bzw. Leitbilder für die zukünftige Entwicklung des Territoriums der Europäischen Union verständigten. Ziel ist eine ausgewogene und nachhaltige Entwicklung. Politisches Ziel ist dabei die Nutzung des Potentials für erneuerbare Energien in städtischen und ländlichen Gebieten unter Berücksichtigung regionaler und lokaler Bedingungen, besonders des Kulturerbes und der Natur.[239] Die Anwendung des EUREK findet nicht nur auf europäischer und transnationaler Ebene statt, sondern auch auf regionaler und lokaler Ebene. Diesbezügliche Auswirkungen zeigen sich insbesondere in §§ 9, 16 ROG in den Ansätzen eines kooperativen Zusammenwirkens.

1. UVP-Änderungsrichtlinie

Am 27.07.2001 wurde das Gesetz zur Umsetzung der UVP-Änderungsrichtlinie, der IVU-Richtlinie und weiterer EG-Richtlinien zum Umweltschutz unter Berücksichtigung der Judikatur des EuGH zur UVP-RL[240] erlassen. Die europäische Richtlinie war 1997 geändert worden. Am 03.08.2001 sind die Änderungen des Gesetzes über die Umweltverträglichkeitsprüfung in Kraft getreten.

Ziel der Neufassung ist, dass im Sinne von § 2 UVPG nicht nur unmittelbare, sondern auch mittelbare Auswirkungen eines Vorhabens Gegenstand der Umweltverträglichkeitsprüfung sind und hierbei auch die Wechselwirkungen zwischen den genannten Schutzgütern ermittelt, beschrieben und bewertet werden

---

[238] http://europa.eu.int/comm/regional_policy/sources/docoffic/official/reports/pdf/sum_de.pdf.
[239] http://europa.eu.int/comm/regional_policy/sources/docoffic/official/reports/pdf/sum_de.pdf.
[240] Dazu in: DVBl. 1997, 40 ff.; DVBl. 1999, 232 ff.

sollen.[241] Die Vorschriften für das Prüfverfahren wurden deutlicher gefasst, ergänzt und verbessert.[242] Hierzu erfolgte in der Novelle eine Ausweitung des Anwendungsbereichs der zwingenden Umweltverträglichkeitsprüfung. Daneben wurde auch die fakultative Umweltverträglichkeitsprüfung neu gestaltet, indem insbesondere ein differenzierteres System in Anlage I geschaffen wurde und der Einsatz der Umweltverträglichkeits-Einzelfallprüfung zur Klärung der UVP-Pflicht bestimmt wurde: Der Anwendungsbereich der fakultativen Umweltverträglichkeitsprüfung wurde dabei ausgeweitet. Durch die mit der Gesetzesänderung eingeführten Kumulierungsbestimmung in § 3 b UVPG kann auch unterhalb der festgelegten Schwellenwerte die Durchführung einer Umweltverträglichkeitsprüfung notwendig werden, wenn mehrere Vorhaben derselben Art eines Trägers oder mehrere Träger in einem engen Zusammenhang stehen. Bei Änderung von Vorhaben wird durch den Einsatz der Einzelfallprüfung die Umweltverträglichkeitsprüfung auf relevante Vorhaben konzentriert und das bisher starre System der Schwellenwerte durch das stärker auf den Einzelfall bezogene System ersetzt.

Was eine Windfarm ist, wurde in der Änderungsrichtlinie selbst nicht festgelegt. Mit dem Änderungsgesetz hat der Deutsche Gesetzgeber jedoch definiert, was als Windfarm gelten soll. Dies wird im Umweltverträglichkeitsprüfungsgesetz an Schwellenwerten festgemacht: Nur mehr die Errichtung von ein bis zwei Windenergieanlagen ist von der Pflicht zur Umweltverträglichkeitsprüfung frei. Nach der Gesetzesänderung ist ab 20 Anlagen eine UVP zwingend vorgeschrieben. Bei Windparks mit einer Größe von 6 bis 19 Anlagen ist eine UVP erforderlich, wenn eine sogenannte „allgemeine Vorprüfung" des Einzelfalls dies ergibt. Bei der allgemeinen Vorprüfung wird nur dann eine Umweltverträglichkeitsprüfung durchgeführt, wenn das Vorhaben nach der Einschätzung der Behörde aufgrund überschlägiger Prüfung erhebliche nachteilige Umweltauswirkungen haben kann. Bei drei bis fünf Windenergienanlagen ist eine sogenannte „standortbezogene Vorprüfung" des Einzelfalls vorzunehmen. Dabei wird zunächst geprüft, ob aufgrund besonderer örtlicher Gegebenheiten negative Umweltauswirkungen von dem Vorhaben ausgehen können. Ist dies zu bejahen, so hat eine Umweltverträglichkeitsprüfung stattzufinden.

Nach § 3 b Abs. 3 UVPG hat eine Umweltverträglichkeitsprüfung für eine Änderung oder Erweiterung einer Windenergieanlage unter Berücksichtigung der Umweltauswirkungen des bisher bereits bestehenden Teils der Anlage auch dann stattzufinden, wenn durch die Änderung oder Erweiterung eines bestehenden, bisher nicht UVP-pflichtigen Vorhabens der maßgebende Größen- oder Leistungswert erstmals überschritten wird. Die Vorprüfung, das sogenannte

---

[241] BT-Drs. 14/4599, S. 92.
[242] Überblick dazu: Feldmann, DVBl. 2001, 589 ff.

Screening,[243] §§ 3a, 3c UVPG, wurde im Wege der Gesetzesänderung eingeführt, um die UVP-Pflichtigkeit von Vorhaben nach Anhang II der UVP-Änderungsrichtlinie im Einzelfall feststellen zu können.

Sofern es lediglich um eine einzelne privilegierte Anlage im Außenbereich geht, kann das Screening entfallen, wenn keine Auswirkungen auf besonders geschützte Gebiete, zum Beispiel ausgewiesene Naturschutzgebiete, FFH-Gebiete oder EU-Vogelschutzgebiete, zu erwarten sind. Die Entscheidung, dass keine UVP erforderlich ist, weil keine erheblichen Umweltauswirkungen zu erwarten sind, ist zu dokumentieren. Zudem ist die Entscheidung der Öffentlichkeit zugänglich zu machen, wobei eine einfache Information, zum Beispiel durch Aushang oder die Veröffentlichung im Amtsblatt, ausreichend ist. Bei weniger als 10 Windenergieanlagen, bzw. 15 Megawatt, kann bei einem Standort innerhalb einer Konzentrationszone davon ausgegangen werden, dass die wesentlichen Gesichtspunkte des Screenings im Flächennutzungsplanverfahren bereits berücksichtigt wurden, so dass dies für die Entscheidung, ob eine UVP erforderlich ist, als Grundlage herangezogen werden kann.

2. Fauna-Flora-Habitat-Richtlinie

Projekte sind gemäß §§ 34 Abs. 1 Satz 1 BNatSchG vor ihrer Zulassung oder Durchführung auf ihre Verträglichkeit mit den Erhaltungszielen eines Gebiets von gemeinschaftlicher Bedeutung oder eines Europäischen Vogelschutzgebiets zu überprüfen. Der Begriff Projekt ist legaldefiniert in § 10 Nr. 11 BNatSchG. Ergibt die Verträglichkeitsprüfung, dass es durch das Projekt zu erheblichen Beeinträchtigungen eines Gebiets mit gemeinschaftlicher Bedeutung oder eines Europäischen Vogelschutzgebietes in seinen für die Erhaltungsziele oder den Schutzzweck maßgeblichen Bestandteilen führen kann, so ist das Projekt unzulässig.

Eine Verträglichkeitsprüfung ist nur durchzuführen, wenn im Rahmen einer Vorprüfung, einer Erheblichkeitsprüfung, die Möglichkeit einer erheblichen Beeinträchtigung festgestellt wurde. Weitgehend Einigkeit besteht darüber, dass von einer Erheblichkeit auszugehen ist, wenn der Schutzzweck des Gebiets insgesamt erheblich und dauerhaft leiden würde.[244] Entscheidend ist, ob die Funktion im Hinblick auf den Schutzzweck beeinträchtigt wird. Dabei muss in gravierender und nicht nur vorübergehender Weise in die Schutzgüter eingegriffen werden. Je schutzwürdiger das Habitat oder die jeweilige Art ist, die geschützt werden soll, desto eher ist von einer erheblichen Beeinträchtigung auszugehen.

---

[243] Feldmann, DVBl. 2001, 589 ff.,592.
[244] Louis, BNatSchG, § 19 b Rdnr. 37, § 19 c Rdnr. 8 und 14.

Die Anwendung dieser Grundregeln in der Praxis erweist sich aufgrund fehlender Bewertungskriterien und mangelnder Einübung solcher Verfahren als schwierig.[245] Nach der Rechtsprechung sind bei der Beurteilung, ob eine erhebliche Beeinträchtigung gegeben ist, Minderungs- und Ausgleichsmaßnahmen, die das Gewicht des Eingriffs verkleinern können, zu berücksichtigen.[246] Sachlich ist dabei im Ergebnis zu differenzieren: Zwar sind Vermeidungsmaßnahmen zu berücksichtigen, die den Eingriff insgesamt in seiner nachteiligen Wirkung abmildern. Bei Ausgleichsmaßnahmen ist für eine Berücksichtigung aber Voraussetzung, dass die Nachhaltigkeit der Störung abgemildert wird. Dies setzt eine Wirkung der Ausgleichsmaßnahme auf den Ort des Eingriffs voraus, sowie eine Wiederherstellung der Funktion in engem zeitlichem Zusammenhang. Bloße Ersatzmaßnahmen können nicht mindernd berücksichtigt werden.[247] Nach § 34 Abs. 3 BNatSchG darf ein nach § 34 Abs. 2 BNatSchG unzulässiges Projekt zugelassen oder durchgeführt werden, wenn es aus zwingenden Gründen des überwiegenden öffentlichen Interesses notwendig ist und zumutbare Alternativen nicht gegeben sind. Bei Windenergieanlagen dürften die hierfür notwendigen die Voraussetzungen jedoch nicht vorliegen.[248]

3. Richtlinie über die strategische Umweltprüfung

Die Richtlinie über die strategische Umweltprüfung (SUP bzw. SEA für Strategic Environmental Assessment)[249] ist am 21.07.2001 nach langer und kontroverser Diskussion in Kraft getreten.[250] Sie war von den Mitgliedstaaten bis zum 21.07.2004 in innerstaatliches Recht umzusetzen.[251] Zur Erarbeitung von Vorschlägen zur Umsetzung der Richtlinie in das Bauplanungsrecht hat das Bundesministerium für Verkehr, Bau- und Wohnungswesen im Dezember 2001 eine Unabhängige Expertenkommission zur Novellierung des Baugesetzbuchs einberufen.[252]

Ziel der Richtlinie 2001/42/EG ist, gemäß Art. 1 der Richtlinie "im Hinblick auf die Förderung einer nachhaltigen Entwicklung ein hohes Umweltschutzniveau sicherzustellen und dazu beizutragen, dass Umwelterwägungen bei der Ausar-

---

[245] Schink, DÖV 2002, 45 ff., 53.
[246] Apfelbacher/Adenauer/Iven, NuR 1999, 74 ff.
[247] Schink, DVBl. 1992, 1390 ff., 1400.
[248] Schink, S. 54.
[249] RL 2001/42/EG d. Europ. Parlaments u. d. Rates, ABl. EG Nr. L 197 v. 21.07.2001, S. 30.
[250] Ginzky, UPR 2002, 47 ff.; Schmidt/Rütz/Bier, DVBl. 2002, 357 ff.
[251] Art. 13 Abs. 4 der RL 2001/42/EG des Europäischen Parlaments und des Rates über die Prüfung der Umweltauswirkungen bestimmter Pläne und Programme.
[252] Bundesministerium für Verkehr, Bau- und Wohnungswesen (Hrsg.), Bericht der Unabhängigen Expertenkommission zur Novellierung des Baugesetzbuchs, Einführung, Rdnr. 001.

beitung und Annahme von Plänen und Programmen einbezogen werden, indem dafür gesorgt wird, dass bestimmte Pläne und Programme, die voraussichtlich erhebliche Umweltauswirkungen haben, entsprechend dieser Richtlinie einer Umweltprüfung unterzogen werden." Zwar ist diese Zielsetzung der Umweltvorsorge durch Integration der Umweltbelange in die räumliche Planung nicht neu für das deutsche Planungsrecht und die nationale Planungspraxis. Die Richtlinie 2001/42/EG enthält auch keine neuen bzw. weitergehenden materiellen Umweltziele oder Standards. Dennoch werden mit den Vorgaben dieser Richtlinie erhöhte verfahrensrechtliche Anforderungen an die Aufstellung von Plänen und Programmen, insbesondere hinsichtlich Dokumentations-, Beteiligungs- und Begründungspflichten, gestellt.

Die Umsetzung der Richtlinie soll von folgenden Grundsätzen[253] geleitet sein: Zunächst soll die Umweltverträglichkeitsprüfung bei Programmen und Plänen mit dem Ziel der Sicherung einer dauerhaften Entwicklung eingesetzt werden. Dabei ist eine effektive Umsetzung anzustreben und die Transparenz der Entscheidungsprozesse bei Planungen zu gewährleisten. Durch die Umsetzung der Richtlinie soll eine effektive Partizipation erreicht werden, wobei Raum für eine flexible Handhabung belassen werden soll.

Neben den besonders umweltrelevanten räumlichen Fachplanungen sind die Raumordnungspläne und -programme auf Landes- und Regionalebene nach Art. 3 Abs. 2 der Richtlinie 2001/42/EG betroffen, da ihnen aufgrund ihrer Rahmensetzung für UVP-pflichtige Projekte oder durch die Notwendigkeit einer Verträglichkeitsprüfung gemäß der FFH-Richtlinie voraussichtliche erhebliche Umweltauswirkungen zugerechnet werden und die Pläne oder Programme aufgrund von Rechts- und Verwaltungsvorschriften - insbesondere aufgrund der Raumordnungs- und Landesplanungsgesetze - von einer Behörde zu erarbeiten sind. Ebenso ist die kommunale Bauleitplanung und die regionale Flächennutzungsplanung von der Richtlinie erfasst. Auch Änderungen von Raumordnungsplänen sind grundsätzlich prüfpflichtig. Bei geringfügigen Planänderungen ist das Prüfungserfordernis entweder durch Einzelfallprüfung oder durch Festlegung von Arten von Plänen und Programmen oder durch eine Kombination dieser beiden Ansätze festzulegen. Anhang II der Richtlinie enthält für dieses sog. Screening Kriterien, mit denen die Erheblichkeit von planungsbedingten Umweltauswirkungen beurteilt werden kann. Die Intensität der durchzuführenden Umweltprüfung ist abhängig vom unterschiedlichen Konkretisierungsgrad des jeweiligen Plans und Ausmaß der möglichen Umweltbeeinträchtigung.

Das Verfahren der Umweltprüfung umfasst gemäß Art. 2 b der Richtlinie 2001/42/EG - nach Klärung des Prüfungserfordernisses, sogenanntes Screening,

---

[253] Ginzky, UPR 2002, 47 ff., S.48.

Art. 3 Abs. 5 der Richtlinie, und Erörterung und Festlegung des Untersuchungsrahmens, sogenanntes Scoping, Art. 5 Abs. 4 der Richtlinie, - die Ausarbeitung eines Umweltberichts. Zuständig hierfür ist der Planungsträger unter Hinzuziehung der betroffenen Umweltbehörden. Der Umweltbericht enthält die in Art. 5 und Anhang I vorgesehenen Informationen, sowie die Durchführung von Konsultationen, das heißt Anhörung bzw. Beteiligung der betroffenen Behörden mit umweltbezogenem Aufgabenbereich, der Umweltbehörden gemäß Art. 6 Abs. 3, der betroffenen bzw. interessierten Öffentlichkeit gemäß Art. 6 Abs. 4 und gegebenenfalls der betroffenen Nachbarstaaten im Falle von grenzüberschreitenden Umweltauswirkungen gemäß Art. 7 der Richtlinie. Im Rahmen der Umweltprüfung haben der Umweltbericht und die Ergebnisse der Konsultationen bei der Entscheidungsfindung gemäß Art. 8 Berücksichtigung zu finden. Im Anschluss daran hat eine Unterrichtung über die Entscheidung gemäß Art. 9 stattzufinden. Die Beteiligung der betroffenen Umweltbehörden ist bereits im geltenden Planungsrecht verankert, wobei jedoch die bestehenden Regelungen teilweise im Hinblick auf das Scoping ergänzt werden müssen. Die Beteiligung der Öffentlichkeit ist in der Raumordnungsplanung in weiten Teilen noch neu einzuführen.

Die Umsetzung der Plan-UP-Richtlinie im Raumordnungsgesetz des Bundes erfolgt nach Art. 75 Abs. 1 Nr. 4 ROG. Bei der Umsetzung ist eine grundsätzliche Weichenstellung in bestimmten Bereichen erforderlich, um eine zu stark differierende Umsetzung auf Länderebene zu vermeiden. Dem Bund verbleiben entsprechend seiner Rahmenregelungskompetenz nur verhältnismäßig geringe Regelungsmöglichkeiten, während die Richtlinie im Bereich der Raumordnung schwerpunktmäßig durch die Länder umzusetzen sein wird.[254] Bis zur Umsetzung der Richtlinie durch die Länder sollen nach einer vorzunehmenden Ergänzung des § 22 ROG, welche nach Art. 75 Abs. 2 GG zulässig ist, die Rahmenvorschriften des Raumordnungsgesetzes unmittelbare Anwendung finden.

4. Umsetzung der UP-Richtlinie und Ausblick

Der Bundesminister für Verkehr, Bau- und Wohnungswesen hat im Dezember 2001 eine Unabhängige Expertenkommission zur Novellierung des Baugesetzbuches einberufen. Diese hatte in erster Linie die Aufgabe, Vorschläge zur Umsetzung der Richtlinie 2001/42/EG des Europäischen Parlaments und des Rats über die Prüfung bestimmter Umweltauswirkungen bestimmter Pläne und Programme in das Bauplanungsrecht zu entwickeln.[255] Die Novelle soll dabei zu-

---

[254] Schreiber, UPR 2004, 50 ff., 51.
[255] BM für Verkehr, Bau- und Wohnungswesen (Hrsg.), Bericht der Unabhängigen Expertenkommission zur Novellierung des Baugesetzbuchs, Einführung, Rdnr. 001, 003.

gleich zum Anlass genommen werden, einzelne bauplanungsrechtliche Regelungen daraufhin zu überprüfen, ob und wie sie verbessert, insbesondere vereinfacht werden könnten. Die Vorschläge der Kommission zielen auf eine Harmonisierung des bestehenden deutschen Rechtssystems mit dem Konzept der gemeinschaftsrechtlichen Vorgaben, auf eine Optimierung von Umweltschutz und Bauleitplanung durch den Einsatz der Umweltprüfung als einheitliches Trägerverfahren für UVP, FFH-Prüfung und naturschutzrechtliche Eingriffsregelung sowie auf eine Verfahrensvereinfachung durch Abschichtungsmöglichkeiten und die Vermeidung von Doppelprüfungen.[256]

Daneben macht die Plan-UP-Richtlinie auch eine Änderung des Raumordnungsgesetzes erforderlich. Erreicht werden soll dadurch vor allem ein europarechtlich einheitlicher Standard hinsichtlich Verfahren und Inhalt einer integrierten Umweltprüfung, eine umfassende und frühzeitige Öffentlichkeitsbeteiligung sowie die Überwachung der Durchführung der Pläne auf die Umwelt und die Vermeidung von Doppelprüfungen bei Raumordnungsplänen durch Abschichtung der Umweltprüfungen in der Planhierarchie wie auch durch Zusammenführung von nebeneinander stehenden eigenständigen Umweltprüfungen in eine einzige umfassende Umweltprüfung.[257]

Hinsichtlich der Planung von Flächen für die Windenergienutzung wird sich insbesondere eine Auswirkung ergeben, wenn Windparks geplant werden, da diese stets UVP-pflichtig sind und gegebenenfalls auch eine Verträglichkeitsprüfung nach der FFH-Richtlinie erfordern. Zumindest wenn es um Flächen für Windparks geht, wird eine Auswirkung dieser Richtlinie deshalb sowohl auf Landesplanungsebene als auch auf Bauleitplanungsebene gegeben sein.

Zwar galt die Raumordnung bisher als ein Kernelement nationaler Souveränität; Zunehmend führt die europäische Integration jedoch auch in diesem Bereich zu einem Bedeutungsverlust der Grenzen innerhalb Europas. Neben der allgemeinen gesellschaftlichen und wirtschaftlichen Entwicklung verändert sich gleichzeitig die Bedeutung des nationalen Rechtsverständnisses. Dementsprechend haben sich auch die Rahmenbedingungen der Raumordnung durch den Prozess der Globalisierung sowie durch demographische Entwicklungen und die Europäisierung der Planung geändert. Unabhängig ihres territorialen Ursprungs sind räumliche Entwicklungen in die Planabwägung einzustellen und planerische Festsetzungen auf ihre grenzüberschreitende Wirkung hin zu überprüfen. Dies wiederum erfordert eine enge Zusammenarbeit und Abstimmung mit benachbarten Staaten.

---

[256] BM für Verkehr, Bau- und Wohnungswesen (Hrsg.), Bericht der Unabhängigen Expertenkommission zur Novellierung des Baugesetzbuchs, Kapitel B, Rdnr. 012.
[257] Krautzberger, UPR 2004, 41 ff., 49.

Auch im Bereich der nationalen Planung ist die Abstimmung der überörtlichen Planung und der örtlichen Planung notwendig. Auf die dabei auftretenden Spannungen zwischen überörtlichen und örtlichen Planungsträgern wird im folgenden Kapitel eingegangen.

III. Koordination der Raumplanung

Das raumordnerische Ziel besteht darin, durch eine bestmögliche Verteilung der verschiedenen Raumnutzungen eine optimale Gestaltung und Entwicklung des Raumes zu erreichen. Durch das Nebeneinander verschiedener Nutzungen in einem Raum entstehen dabei auch Probleme: Zwischen örtlicher und überörtlicher Planung bestehen Berührungen und Überschneidungen,[258] aufgrund derer insbesondere zwischen überörtlicher Landesplanung und örtlicher Kommunalplanung ein Spannungsverhältnis herrscht. Es ist die Aufgabe der Raumordnung und Landesplanung, diese konkurrierenden Nutzungsansprüche abzustimmen und auszugleichen. Insofern hat sie auf gleichwertige Lebensbedingungen im Vergleich der einzelnen Teilräume nach § 1 Abs. 2 Nr. 6 ROG hinzuwirken.

1. Einflussnahme auf die kommunale Bauleitplanung

Der Konflikt zwischen staatlicher Landesplanung und kommunaler Planung wurde vom Gesetzgeber mit der aus § 4 Abs. 1 Satz 1 ROG und § 1 Abs. 4 BauGB resultierenden Zielbeachtungs- und Anpassungspflicht grundsätzlich zugunsten der staatlichen Raumplanung entschieden:[259] Entsprechend § 1 Abs. 4 BauGB sind die Bauleitpläne den Zielen der Raumordnung anzupassen. Gemäß der Parallelvorschrift[260] zu § 1 Abs. 4 BauGB, § 4 Abs. 1 Satz 1 ROG, sind die Ziele der Raumordnung von öffentlichen Stellen bei ihren raumbedeutsamen Planungen und Maßnahmen zu beachten. Allerdings haben die Gemeinden ihre Bauleitplanung nur an rechtsgültigen Zielaussagen auszurichten.[261] Flächennutzungspläne dürfen den Raumordnungsplänen nicht widersprechen und sind gegebenenfalls an diese anzupassen. Den Kommunen ist dabei ein Spielraum zur Verfeinerung und Ausdifferenzierung zu belassen, so dass eine Konkretisierung auf der örtlichen Ebene möglich ist.[262] Dieser Spielraum ergibt sich entweder unmittelbar aus dem Ziel oder muss durch Auslegung des jeweiligen Raumordnungsplans ermittelt werden.[263] Da der Raumordnung keine

---

[258] Oldiges, Baurecht, in Steiner (Hrsg.), S. 475 ff., 493, Rdnr. 39.
[259] Backhaus, S. 41.
[260] Battis/Krautzberger/Löhr, BauGB, Krautzberger, § 1, Rdnr. 33.
[261] Halama, in: FS für Schlichter, S. 201 ff., 202.
[262] Battis/Krautzberger/Löhr, BauGB, Krautzberger, § 1, Rdnr. 41; BVerwGE 90, 329.
[263] Runkel, DVBl. 1997, 275 ff.

bodenrechtliche Funktion zukommt, ist eine Verfeinerung der raumordnerischen Ziele auf der Planungsstufe der Bauleitplanung möglich.[264] Die Träger der Raumplanung sind bei der Festsetzung der Ziele gehalten, nur so weit zu gehen, als es der überörtliche Planungsauftrag erfordert.[265] Dadurch gelingt es, die Eigenständigkeit der anpassungspflichtigen unteren Planungsebenen zu wahren.

a) Anpassungspflicht der Kommunen

Positive Standortausweisungen der Regionalplanung sind von der kommunalen Bauleitplanung bei der Aufstellung oder Anpassung der Pläne zu beachten. Für die Gemeinde besteht allerdings die Möglichkeit der Konkretisierung der im Landesentwicklungsplan vorgenommenen Planung, indem sie die Gebietsfestlegungen der überörtlichen Planung parzellenscharf festlegt. Dabei kann problematisch sein, inwieweit eine Gemeinde von den Vorgaben der Raumordnungsplanung abweichen darf. In der Praxis stellt sich diese Frage insbesondere, wenn eine Gemeinde nur eine kleinere Konzentrationszone ausweisen will, als es von den jeweiligen Trägern der Raumordnungsplanung vorgesehen wurde. Da bereits von den Trägern der Raumordnungsplanung eine Abwägungsentscheidung getroffen wurde, ist darauf zu achten, dass die Entscheidung der Raumordnungsplanung nicht in Frage gestellt wird. Gerade eine Gebietsverkleinerung der vorgesehenen Flächen kann die Abwägungsentscheidung jedoch in Frage stellen und der gesetzlichen Privilegierung entgegenstehen. In Betracht kommt eine Gebietsverkleinerung durch die kommunale Bauleitplanung nur dann, wenn die Auslegung des überörtlichen Plans als „Angebotsplanung," die der kommunalen Bauleitplanung die Möglichkeit geben soll, eine Standortausweisung nach örtlichen Kriterien vorzunehmen, zu verstehen ist. Eine derartige Auslegung überörtlicher Pläne erfordert jedoch entsprechende Hinweise im Plan oder in der Planerläuterung.[266] Selbst bei der Annahme einer bloßen Angebotsplanung ist aber darauf zu achten, dass bei einer Gebietsverkleinerung genügend Flächen zur Nutzung der Windenergie zur Verfügung stehen, so dass der gesetzlichen Privilegierung der Windkraftanlagen noch Rechnung getragen wird. Eine Gebietsverkleinerung durch die Gemeinde kann ausnahmsweise auch dann zulässig sein, wenn Ausschlussgründe bei der Planung auf Regionalebene noch nicht beachtet oder nicht in dem für die Flächennutzungsplanung erforderlichen Maße beachtet wurden. Dies erfordert zunächst allerdings eine Auslegung des überörtlichen Plans. Im Ergebnis ist damit festzuhalten dass eine Gemeinde grundsätzlich nicht die Befugnis hat, sich aus Eignungsgebieten bestimmte Gebiete herauszusuchen und nur einige Zonen zu übernehmen.

---

[264] Wolff, BayVBl. 737 ff., 738.
[265] Schmidt, DVBl. 1998, 669 ff., 677.
[266] Runkel, DVBl. 1997, 275 ff.

Kommt es aufgrund der dargestellten Ausnahmefälle zu Abweichungen zwischen dem durch den Landesentwicklungsplan festgelegten Eignungsgebiet und der nach dem Flächennutzungsplan ausgewiesenen Konzentrationszone, ist fraglich, welche Planaussage letztlich entscheidend für die Zulässigkeit eines Vorhabens in diesem Gebiet ist. In der Praxis stellt sich dieses Problem wenn eine Windenergieanlage in einem nach dem Landesentwicklungsplan dafür ausgewiesenen Eignungsgebiet errichtet werden soll, das nach dem Flächennutzungsplan keine Konzentrationszone für Windenergienutzung ist. Für ein Abstellen auf die Aussagen des Flächennutzungsplanes in einer derartigen Konstellation spricht, dass dessen Darstellungen die zulässige Konkretisierung der Ziele der Raumordnung darstellen. Voraussetzung dafür ist, dass eine rechtmäßige Konkretisierung vorgenommen wurde, was bei einer Gebietsverkleinerung das Vorliegen eines der dargestellten Ausnahmefälle erforderlich macht, das heißt, es muss sich im Landesentwicklungsplan entweder um eine Angebotsplanung handeln oder bei der Planung auf Regionalebene wurden Ausschlussgründe nicht oder nicht in ausreichendem Maße beachtet.

Die Bindung der kommunalen Bauleitplanung an die Ziele der Raumordnung nach § 1 Abs. 4 BauGB gilt nicht lediglich für positive Standortausweisungen sondern betrifft auch die sich aus diesen ergebenden Ausschlusswirkungen. Aus diesem Grund kann die kommunale Bauleitplanung keinerlei Standorte für Windkraftanlagen außerhalb raumordnerischer Eignungsgebiete für Windenergieanlagen ausweisen. Dies gilt ebenso, wenn für einzelne Gemeinden zwar keine Konzentrationszonen ausgewiesen sind, jedoch die Zonen der Nachbargemeinden Ausschlusswirkung entfalten sollen.[267] Im Ergebnis gilt also, dass bei einem im Landesentwicklungsplan ausgewiesenen Eignungsgebiet für Windenergieanlagen diese Ausweisung von der planenden Gemeinde in ihren Flächennutzungsplan grundsätzlich zu übernehmen ist.

Zwar kommt eine Einflussnahme und ein Hineinspielen des Raumordnungsrechts in das baurechtliche Genehmigungsverfahren auch bereits durch § 35 Abs. 3 Satz 2 und Satz 3 BauGB in Betracht. Gemäß dieser Regelung dürfen raumbedeutsame Vorhaben den Zielen der Raumordnung nicht widersprechen. Dementsprechend wohnt den Landesprogrammen und Landesplänen insoweit eine Negativwirkung inne, wenn in diesen konkret Vorranggebiete oder sonstige Gebiete ausgewiesen sind, die für Windenergieanlagen als Standorte gesichert werden sollen.[268] Dennoch könnte eine Gemeinde durch ein passives Verhalten, das heißt die Unterlassung der Aufstellung eines Bauleitplans, trotz

---

[267] Runkel, DVBl. 1997, 275 ff., 278.
[268] Von Mutius, DVBl 1992, 1469 ff., 1475.

der Zielvorgaben der Raumordnung und Landesplanung, diese behindern, wenn auch nicht gänzlich leer laufen lassen.[269]

Nach dem weiten Verständnis von § 1 Abs. 4 BauGB liegt in der Anpassungspflicht auch die Pflicht zur erstmaligen Aufstellung eines Bauleitplans.[270] Nach den Vorstellungen des Gesetzgebers hat eine Gemeinde demnach den landesplanerischen Vorstellungen nicht nur dann nachzukommen, wenn sie von sich aus bauleitplanerisch tätig wird, sondern sie ist auch zur Umsetzung der Zielaussagen verpflichtet, wenn sie keine eigenen Planungsabsichten verfolgt.[271] Denn nur eine vollständige Umsetzung der Ziele gewährleistet die volle Entfaltung der vollen Wirksamkeit von Raumordnung und Landesplanung.

b) Schon bestehende gemeindliche Planung

Umgekehrt besteht das Problem inwieweit die Regionalplanung bei der Ausweisung von Eignungsgebieten für die Windenergienutzung schon bestehende, durch Gemeinden in ihren Flächennutzungsplänen dargestellte Konzentrationszonen für Windenergienanlagen zu berücksichtigen hat, die der beabsichtigten Planung der Regionalplanungsträger widersprechen. Nach der Rechtsprechung ist eine Gemeinde den landesplanerischen Zielvorgeben nicht schutzlos ausgesetzt. Denn nur überörtliche Interessen, die gegenüber den örtlichen Interessen von höherem Gewicht sind, rechtfertigen eine Zurückstellung der örtlichen, das heißt der kommunalen Belange.[272] Dies erfordert eine Abwägung der Interessen im Einzelfall. Entscheidend ist, welches Gewicht den einzelnen Belangen zuzusprechen ist. Je konkreter die gemeindliche Planung ist, desto höhere Anforderungen sind an das Gewicht der überörtlichen Interessen zu stellen. Das Gewicht der überörtlichen Interessen wächst demgegenüber mit deren überörtlicher Relevanz. Unterschieden werden muss dabei, ob der beabsichtigten überörtlichen Planung kommunale Planung in Form eines Bebauungsplans oder in Form eines Flächennutzungsplans gegenübersteht:

Liegt eine Festsetzung durch Bebauungsplan vor, so kommt diesem Belang das höchste Gewicht auf gemeindlicher Seite zu. Nach der Rechtsprechung kann zwar auch eine kommunale Planung, die durch einen Bebauungsplan rechtssatzmäßig festgeschrieben ist, im Wege der Abwägung mit höherrangigem Belangen zurückgedrängt werden. Die Schwelle, die dabei überwunden werden muss, liegt jedoch höher als bei einem unverbindlichem Ratsbeschluss oder einen lediglich

---

[269] Halama, in: FS für Schlichter, S. 201 ff., 210 f.
[270] Battis/Krautzberger/Löhr, BauGB, Krautzberger, § 1, Rdnr. 32.
[271] Halama, in: FS für Schlichter, S. 201 ff., 210.
[272] VerfGH MS, NVwZ-RR 1993, 542.

durch Flächennutzungsplan konkretisierten Bauleitplanung.[273] Ein Bebauungsplan, der als Entwurf mit allen sachlich beteiligten Trägern öffentlicher Belange, so auch der Landschaftsbehörde und dem Regionalplanungsträger erörtert worden ist und der Allgemeinverbindlichkeit erlangt hat, ist im Rahmen der Abwägung von hohem Gewicht. Die Gründe, die auf Seiten der Regionalplanung für deren Planung sprechen, müssen somit im Vergleich zu der Bauleitplanung in Form eines Bebauungsplans sehr hoch zu bemessen sein.

Liegt kommunale Planung hingegen lediglich in Form eines Flächennutzungsplans vor, so genießt diese einen nur geringeren Stellenwert. Der Grund hierfür liegt darin, dass Flächennutzungsplanung im Gegensatz zur Bebauungsplanung weniger konkret ist. Nach der Rechtsprechung ist entscheidend, welche konkrete Bedeutung der jeweiligen einzelnen Planung zukommt.[274] Dabei kann im Rahmen der überörtlichen Interessen bei der Ausweisung von Eignungsflächen für die Nutzung der Windenergie im Landesentwicklungsplan nicht mit einer abstrakten Notwendigkeit der Erzeugung von Strom aus Windenergie argumentiert werden. Vielmehr muss die konkrete Bedeutung der auszuweisenden Windeignungszone für die Windkraftnutzung angeführt werden. Dies bedeutet, dass im Einzelfall bei jeder, über die schon existierenden kommunalen Windkonzentrationszonen hinausgehenden neuen Ausweisung von Eignungsflächen für die Windenergienutzung im Landesentwicklungsplan, zu prüfen ist, welche Bedeutung dieser neuen Zone für die Erzeugung von Strom aus Windenergie im jeweiligen Bundesland zukommt. Zur Feststellung der Bedeutung im Einzelfall, müssen die Zielfestsetzungen des einzelnen Bundeslandes herangezogen werden.

2. Beteiligung der Gemeinden

a) Grundlagen der Beteiligung

Im Hinblick auf die den Gemeinden in Art. 28 Abs. 2 GG und Art. 11 Abs. 2 BV garantierte Eigenverantwortlichkeit mit dem daraus resultierenden Selbstverwaltungsrecht der Gemeinden muss diesen im Gegenzug zu den gesetzlich geregelten Zielbeachtungs- und Anpassungspflichten die Möglichkeit einer Einflussnahme auf die Landesplanung gewährleistet werden.[275] Dies geschieht durch eine Beteiligung der berührten Gemeinden an den Maßnahmen und Planungen der Raumordnung und Landesplanung. Das Beteiligungsrecht

---

[273] VerfGH MS, NVwZ-RR 1993, 542.
[274] VerfGH MS, NVwZ-RR 1993, 542.
[275] Backhaus, S. 41.

stellt dabei eine subjektiv-öffentliche Rechtsposition der Gemeinden dar, die in Art. 28 Abs. 2 Satz 1 GG verankert ist. Förmlich geschieht die Einflussnahme der Gemeinden in die Landesplanung insbesondere durch deren Beteiligung bei der Aufstellung der landesplanerischen Ziele. Dagegen können das Recht der Gemeinden auf rechtliches Gehör nach Art. 103 GG, das Sozialstaatsprinzip und das Rechtsstaatsprinzip nicht als Rechtsgrundlagen für die Einbindung der Gemeinden in die Landesplanung herangezogen werden.[276] Diese Prinzipien beeinflussen jedoch die Ausgestaltung des Verfahrens bei der Aufstellung der landesplanerischen Pläne und Programme. So garantiert das Rechtsstaatsprinzip zunächst nur die Verpflichtung des Planungsträgers, eine einwandfreie Ermittlung des Tatsachenmaterials durchzuführen. Da dies dem Planungsträger aber nur möglich ist, wenn er die jeweilige Gemeinde an dem Entscheidungsfindungsprozess beteiligt, wird deren Beteiligung dadurch gesichert. Aus dem sozialstaatlichen Effektivitätsgebot sind die Gemeinden zu beteiligen, um durch ihre Mitwirkung die Planerfüllungsbereitschaft sicherzustellen.[277]

Das landesplanerische Gegenstromprinzip ist in § 1 Abs. 3 ROG gesetzlich festgesetzt und regelt die Funktionsbeziehungen der Räume untereinander, indem dadurch gewährleistet werden soll, dass höher und niedrigstufige Planungsträger ihre jeweiligen Planungen permanent gegenseitig aufeinander abstimmen. Dies erfordert eine Abstimmung hinsichtlich der Belange der Einzelräume bei der Planung des Gesamtraumes und umgekehrt. Dadurch ist die gerechte Berücksichtigung der gemeindlichen Belange zu sichern. Das Gegenstromprinzip ist Verfahrensrecht und enthält ein Abwägungsgebot, allerdings enthält es kein eigenständiges gemeindliches Beteiligungsrecht. Auch die landesplanerische Abstimmungspflicht nach § 14 ROG beinhaltet verfahrensmäßige Konsequenzen, ohne aber den Gemeinden ein eigenes Beteiligungsrecht zu geben.

b) Beteiligung nach dem BayLplG

Nach Art. 8 Abs. 5 Satz 2 BayLplG sind an der Ausarbeitung von Zielen der Raumordnungs- und Landesplanung durch den regionalen Planungsverband die Verbandsmitglieder zu beteiligen, für die voraussichtlich eine Anpassungspflicht begründet wird. Eine Beteiligung an der Ausarbeitung in diesem Sinn fordert mehr als eine bloße Anhörung.[278] Insbesondere ist einer voraussichtlich anpassungspflichtigen Gemeinde im Hinblick auf Art. 28 Abs. 2 GG eine substantielle Möglichkeit zu gewähren, ihre Interessen angemessen wahrzunehmen und auf

---

[276] Backhaus, S. 42 ff., m. w. N.
[277] Backhaus, S. 42 ff., m. w. N.
[278] Bielenberg/Erbguth/Söfker, K § 5, Rdnr. 48.

den Abwägungsprozess einzuwirken.[279] Dadurch soll sichergestellt werden, dass die kommunalen Belange der in ihrer Planungshoheit betroffenen Gemeinde unmittelbar bei der Aufstellung der Ziele der Raumordnung und Landesplanung abwägend berücksichtigt werden. Über Änderungen eines im ursprünglichen Entwurfs des Regionalplans bereits enthaltenen Ziels ist die Gemeinde aus diesem Grund in Kenntnis zu setzen.[280] Nur so ist die Möglichkeit der effektiven Einflussnahme auf den landesplanerischen Abwägungs- und Entscheidungsprozess sichergestellt. Kommunale Bauleitplanungen gehören bei der Aufstellung regionaler Raumordnungsprogramme grundsätzlich zum abwägungsrelevanten Material. Allerdings müssen in die Abwägung nur solche gemeindlichen Belange eingestellt werden, die die Gemeinden während der Aufstellung des regionalen Raumordnungsprogramms gegenüber dem regionalen Planungsverband geltend gemacht haben und die diesem deshalb als abwägungsrelevantes Material bekannt sind oder bekannt sein müssen. Der regionale Planungsverband ist nicht verpflichtet, unabhängig von dem im Zuge der Erarbeitung eine Raumordnungsprogramms eingegangenen Stellungnahmen und Einwendungen, von Amts wegen nach möglicherweise betroffenen kommunalen Belangen zu forschen und diese in die Abwägung einzustellen.[281]

3. Parametrische Steuerung

Die parametrische Steuerung gewinnt in der Raumplanung zunehmend an Bedeutung. Unter parametrischer Steuerung ist eine Steuerungsform zu verstehen, bei der dem Steuerungsadressaten Vorgaben über operationalisierte Ziele (Parameter) gemacht werden ohne ihm dabei vorzuschreiben, wie er die Ziele verwirklichen soll.[282] Parametrische Steuerung in der Raumplanung erfolgt vor allem durch den Rückzug der Landesplanung aus der differenzierten Planung zugunsten von mehr Freiräumen in der Regionalplanung. Dabei stehen dem jeweiligen Land zwei Wege zur Verfügung:

Zur Förderung von Windenergieanlagen hat beispielsweise das Land Niedersachsen im Landesraumordnungsprogramm 1994 operationalisierte Vorgaben gemacht. Den Regionen wurde zur Auflage gemacht, Teilräume abzugrenzen, die für Windenergiegeneratoren geeignet sind und deren Fläche je Region mindestens so groß ist, dass eine durch das Land vorgegebene Menge Megawatt in der Region durch Windenergie erzeugt werden kann. Legt ein Land hingegen

---

[279] BVerwG, DVBl. 1994, 1136.
[280] BayVGH, UPR 1996, 156 f., 156.
[281] OVG Mecklenburg-Vorpommern, BauR 2001, 1379 ff., 1379.
[282] Fürst, Parametrische Steuerung, http://www.laum-uni-hannover.de/ilr/publ/fuerst/parasteu.pdf.

lediglich Restriktionen über Parameter fest, so schließen die Parameter bestimmte Handlungsoptionen aus, ohne jedoch eine Handlungsrichtung vorzugeben. In diesem Sinne unterfällt die Konzeption der Vorranggebietsausweisung der parametrischen Steuerung, da das Land grobe Linien für eine Vorrangsausweisung vorgibt, und von den Regionalplanern eine konkrete Abgrenzung vorzunehmen ist.

Die parametrische Steuerung birgt die Gefahr, zu einer Zentralisierung der Steuerung mit immer härteren regulativen Mitteln zu führen. Zudem nimmt die Vielfalt von Lösungsmöglichkeiten auf Ebene der Regionalplanung unter identischer Zielvorgabe der Landesplanung in dem Maß zu, wie inter- und intraregionale Kooperationen an Bedeutung gewinnen.[283] Dadurch werden Zielvorgaben, die für alle Regionen Geltung beanspruchen sollen, immer schwieriger. Auch können die Ziele der „nachhaltigen Raumentwicklung" nach § 1 ROG nur sehr grob auf Landesebene vorgegeben werden. Dies bedeutet, dass jede Region eigene, regionsspezifische und kontextgebundene Problemlösungen erarbeiten muss. Die Raumplanung muss sich dabei auf rahmensetzende rechtliche Vorgaben beschränken, um den Regionen einen relativ großen Gestaltungsspielraum zu überlassen. Andererseits führt die parametrische Steuerung zu einer faktischen Flexibilisierung der regulativen Steuerung, wodurch der Handlungsspielraum der Adressaten effektiver genutzt wird, was die Konfliktanfälligkeit der regulativen Steuerung mindert. Dies liegt vor allem daran, dass sich die Adressaten häufiger mit den Zielen der Regulation identifizieren können, als mit der Restriktion selbst. Akzeptieren sie die Ziele, reduzieren sich Konflikte über die Mittelwahl. Zudem könnte es durch die parametrische Steuerung zu einer Verschlankung der Regionalpläne kommen.

Parametrische Steuerung findet vor allem im Verhältnis der übergeordneten Landesplanung zur Regionalplanung oder im Verhältnis von Regionalplanung und Bauleitplanung Beachtung. Es ist zu erwarten, dass die parametrische Steuerung in der Raumplanung an Bedeutung gewinnen wird.[284] Im Bereich der Windenergienutzung kann dies insbesondere durch eine regionalisierte Bedarfssteuerung geschehen, das heißt, dass ein Mindestumfang vorzuhaltender Flächen für Windenergie vorgegeben wird.

---

[283] ARL, Interkommunale und regionale Kooperation: Variablen ihrer Funktionsfähigkeit, Hannover 1998 (Arbeitsmaterialien Nr. 244).
[284] Fürst, Parametrische Steuerung, http://www.laum-uni-hannover.de/ilr/publ/fuerst/parasteu.pdf.

4. Verbandsbeteiligung beim Erlass von Raumordnungsplänen

Eine unmittelbare Beteiligung anerkannter Naturschutzverbände ist bundesrechtlich nicht vorgesehen. In Bayern sind anerkannte Naturschutzverbände mittelbar bei der Aufstellung einiger Pläne über Landesplanungsbeiräte beteiligt, denen entweder von den Verbänden entsandte Mitglieder angehören, oder auf deren Zusammensetzung die Verbände Einfluss nehmen können, Art. 12 Abs. 1 BayLplG in Verbindung mit der Verordnung über die Zusammensetzung des Landesplanungsbeirats in der Fassung der Bekanntmachung vom 22.06.1992.[285] Dies wird als mittelbare Bürgerbeteiligung bezeichnet.[286] Ebenso findet eine mittelbare Beteiligung in Mecklenburg-Vorpommern, Nordrhein-Westfalen, Rheinland-Pfalz, dem Saarland, Schleswig-Holstein und Thüringen statt.[287]

5. Befüllung der ausgewiesenen Standorte

Durch die immer noch rascher anwachsende Zahl von Anträgen für die Errichtung von Windenergieanlagen ist auf den jeweiligen Flächen, die für Nutzung durch Windenergie von den Planungsträgern ausgewiesen wurden, ein Ende der weiteren Ausbaumöglichkeiten für Windenergienanlagen abzusehen. Dadurch stößt die Windenergie an ihre Kapazitätsgrenzen. Fraglich ist, ob sich das Erreichen der Kapazitätsgrenzen negativ auf die Ausschlusswirkung des Planvorbehalts auswirkt. Würde man dies bejahen, so wären Windenergieanlagen entweder bei Erreichen der Kapazitätsgrenzen auch außerhalb der ursprünglich ausgewiesenen Flächen wieder erleichtert zulässig; Dies würde allerdings die ursprüngliche Planungsintention zumindest im Nachhinein zunichte machen. Eine zweite Möglichkeit wäre, dass die Planungsträger, um eine Ausschlusswirkung aufrecht erhalten zu können, weitere Standorte ausweisen müssten. Auch dies würde jedoch die jeweilige Planungsintention unterlaufen, da der Planungsträger selbst die von ihm nach sachgerechter Abwägung flächenmäßig begrenzt ausgewiesenen Standorte nachträglich erweitern müsste. Dadurch hätten die Planungsträger letztlich wieder kein Instrument zur Steuerung der Ansiedlung von Windenergieanlagen im Außenbereich zur Verfügung.

Da dies dem gesetzlichen Regelungszweck entgegensteht und auch dem Wortlaut des § 35 Abs. 3 Satz 3 BauGB für eine derartige Auslegung nichts zu entnehmen ist, ist davon auszugehen, dass das Erreichen der Kapazitätsgrenzen auf die Ausschlusswirkung des Planvorbehalts keine Auswirkung hat. Ein schlüssi-

---

[285] GVBl. S. 191, in: Bielenberg/Erbguth/Runkel, Raumordnungs- und Landesplanungsrecht, Band 1.
[286] Fiebig/Hinzen, Umweltschutz und Industriestandorte, S. 305.
[287] Wilrich, UPR 2000, 366 ff., 368.

ges Planungskonzept muss sich auch durchsetzen wenn seine Kapazitätsgrenzen erreicht sind. Dem Instrument der planerischen Steuerung ist es immanent, dass Kapazitätsgrenzen existieren, die auch zu einem Ansiedlungsstopp führen können. Anderenfalls könnte durch Planung allenfalls eine Reihenfolge von Ansiedlungen festgelegt werden, ohne aber Ansiedlungen aus bestimmten Gebieten ausschließen zu können.

6. Vorrangzonenflächen im Gemeindeeigentum

Hat eine Gemeinde als Planungsträger auch Grundstückseigentum an Vorrangzonenflächen, kann sie, entgegen ihrer eigenen öffentlich-rechtlichen Planung, eine Windenergienutzung auf den Flächen verhindern. Der Flächennutzungsplan verpflichtet die Gemeinde in dieser Situation nicht, eine Nutzung der Grundstücke entsprechend der vorgenommenen Planung zu gewährleisten, indem sie die Flächen für die Nutzung zur Verfügung stellt. Gründe der Gemeinde für ein derartiges Verhalten sind vor allem politischer Natur. Durch eine solche Blockkade seitens der Gemeinde kann ihre ursprüngliche Planung unschlüssig werden, da keine ordnungsgemäße Abwägung der Standortalternativen mehr gegeben ist.

IV. Kommunale Bauleitplanung

Das Baugesetzbuch enthält in § 1 Abs. 4 BauGB eine sogenannte Raumordnungsklausel. Diese geht über das allgemeine Gebot zur Beachtung der Ziele der Raumordnung in § 4 Abs. 1 ROG hinaus. Die Raumordnungsklausel stellt eine Grenze des Planungsermessens dar. Die Bauleitpläne sind den Zielen der Raumordnung anzupassen. Die raumordnungsrechtlichen Ziele sind somit Rahmenbedingungen der Bauleitplanung.[288]

Für die Errichtung von Windenergieanlagen interessante Standorte befinden sich meist im bauplanungsrechtlichen Außenbereich, da dort die erforderliche Windhöffigkeit eher gewährleistet ist als in dichter bebauten Gebieten. Der Außenbereich bietet einerseits den Vorteil, dass in diesen Bereichen die Gefahr der Störung für Nachbarn relativ gering ist. Andererseits werden Windenergieanlagen im Außenbereich aber nicht nur als weithin sichtbare Symbole einer umweltgerechten, intelligenten und sanften Zukunftstechnologie empfunden, sondern auch als der Natur- und Landschaft des Außenbereichs wesensfremde und dem menschlichen Wohlbefinden abträgliche Unruheherde, die für eine bedarfsge-

---

[288] Büdenbender, Energierecht I, Rdnr. 144; BVerwG, Beschl. v. 20.08.1992, NVwZ 1993, 167.

rechte Stromversorgung ungeeignet sind und sich in der Regel nur Dank staatlicher Unterstützung rentieren.[289]

1. Flächennutzungsplan

Nach § 5 Abs. 1 BauGB stellt der Flächennutzungsplan für das gesamte Gemeindegebiet die sich aus der beabsichtigten städtebaulichen Entwicklung ergebende Art der Bodennutzung nach den vorhersehbaren Bedürfnissen der Gemeinde in den Grundzügen dar. Aufgrund seines gesamtörtlichen Charakters bildet er ein Bindeglied zwischen der überörtlichen Raumordnung und Landesplanung und der stärker teilgebietsbezogenen Bebauungsplanung.[290] Die Darstellungen im Flächennutzungsplan haben, wie die Ziele der Raumordnung, eine Ausschlusswirkung im Sinne des § 35 Abs. 3 Satz 3 BauGB, wenn ihnen ein schlüssiges Plankonzept zugrunde liegt: Die einzelnen, im Flächennutzungsplan ausgewiesenen Gebietsarten haben ihre jeweilige Wirkung nur, wenn seitens des Planungsträgers ein schlüssiges Planungskonzept zugrunde gelegt wurde, das sich auf den gesamten Außenbereich erstreckt.[291] Der Bundestagsausschuss für Raumordnung, Bauwesen und Städtebau greift insoweit auf die Rechtsprechung zu den „Abgrabungskonzentrationszonen" zurück: Demnach muss die planende Gemeinde, die „zugunsten bestimmter Schutzgüter die Nutzung der Windenergie nicht im gesamten Planungsgebiet eröffnen will, mit dem Ziel der Steuerung ein schlüssiges Planungskonzept vorlegen, in welchem sie einerseits durch Darstellungen im Flächennutzungsplan positiv geeignete Standorte für die Windenergienutzung festlegt, um damit andererseits ungeeignete Standorte im übrigen Planungsgebiet auszuschließen. Demgegenüber ist eine ausschließlich negativ wirkende Verhinderungsplanung einer Gemeinde, ohne gleichzeitig positive Ausweisung eines der Windenergienutzung dienenden Standorts, im Plangebiet grundsätzlich nicht zulässig."[292] Dies ergibt sich nicht nur aus der Begründung des Gesetzgebers, sondern auch schon aus § 1 Abs. 3 BauGB, der von der Rechtsprechung dahingehend ausgelegt wird, dass eine rein negative Planung für die städtebauliche Entwicklung und Ordnung nicht erforderlich und damit nicht zulässig ist. Voraussetzung ist also, dass sich der Planungsträger mit der Frage der Zulässigkeit von Windenergieanlagen und der Standorteignung bezüglich des gesamten Gemeindegebiets auseinandergesetzt hat.[293] Aufgrund dieser Überlegungen muss der Planungsträger zu dem Ergebnis der besonderen Geeignetheit der ausgewiesenen Standorte für Windenergieanlagen gelangt sein.

---

[289] FOCUS, 07.04.1997, Gegen Wind; FAZ, 05.11.1996, Kampf gegen Windmühlen.
[290] Oldiges, Baurecht, in Steiner (Hrsg.), S. 475 ff., 518 f., Rdnr. 99.
[291] Wagner, UPR 1996, 370 ff., 374.
[292] Bericht des Bundestagsausschusses für Raumordnung, Bauwesen und Städtebau, BT-Drs. 13/4978.
[293] Rühl, UPR 2001, 413 ff., 414.

Dies setzt eine abwägende, planerische Auseinandersetzung mit der vom Gesetzgeber beabsichtigten Nutzung des Außenbereichs voraus.[294] Grundlage der Abwägung zwischen verschiedenen Standorten ist regelmäßig eine Untersuchung der tatsächlichen Eignung von Standorten.[295] Bei der Untersuchung des Gemeindegebiets kann der jeweilige Planungsträger auf die Ergebnisse in Windkarten, insbesondere auf den jeweiligen Windatlas zurückgreifen. Insgesamt sind die Anforderungen des Planvorbehalts nur gewahrt, wenn weder eine reine Negativplanung vorliegt, noch tatsächliche Gegebenheiten bei der Planung außer acht gelassen wurden.[296] Welche städtebaulichen Belange als die Nutzung der Erzeugung von Windenergie ausschließende Kriterien in Betracht kommen, ist im Baugesetzbuch nicht definiert. Nach dem Gesetzgeber, der der Windenergie die Fähigkeit zuspricht, einen wichtigen Beitrag zum Schutz des Klimas leisten zu können, muss die Windenergie „planungsrechtlich so gestellt werden, dass sie an geeigneten Standorten auch eine Chance hat."[297]

Auch wenn der Windenergie diese Chance eingeräumt wird, gibt es dennoch Aspekte, die trotz einer grundsätzlichen Geeignetheit des Standorts zu einer Unzulässigkeit der Errichtung und Nutzung von Windkraftanlagen führen können. Derartige Konflikte durch die Nutzung der Windenergie mit anderen Belangen sieht der Ausschuss für Raumordnung, Bauwesen und Städtebau vor allem im Fremdenverkehr, dem Anwohnerschutz sowie dem Natur- und Landschaftsschutz. Welchen Belangen jeweils der Vorrang einzuräumen ist, muss durch eine Abwägung im Einzelfall entschieden werden. Diesbezüglich hat das Bundesverwaltungsgericht für die Abgrabungskonzentrationszonen ausgeführt, dass bei der Gewichtung eines Belangs im Rahmen des § 35 Abs. 1 BauGB der Darstellung in bezug auf die von Abgrabungen ausgeschlossenen Flächen notwendigerweise eine globalere Abwägung zugrunde liegt, als einer Darstellung, die nur positiv einer einzelnen Fläche standortbezogen eine bestimmte Nutzung zuweist. „Denn die Gemeinde wird nicht für jede Fläche im Außenbereich, die Kies- und Sandvorkommen aufweist, abwägen können, ob die städtebaulichen Gründe so stark sind, um auch hier im Hinblick auf die Abgrabungskonzentration an anderer Stelle den Abbau zu verhindern. Das macht die planerische Abwägung nicht fehlerhaft."[298] Das Oberverwaltungsgericht Münster führt aus, dass die planende Gemeinde sich bei der Würdigung, ob der positiven Ausweisung einer oder mehrerer Vorrang- oder Konzentrationszonen Ausschlusswirkung für das ge-

---

[294] Rühl, UPR 2001, 413 ff., 414.
[295] Lüers, ZfBR 1996, 297 ff., 300; Windenergieerlass NRW, MBl. NRW v. 06.07.2000, 690.
[296] Krautzberger/Battis/Löhr, BauGB, § 35, Rdnr. 5; Ernst/Zinkahn/Bielenberg, BauGB, § 35, Rdnr. 123; Wagner, UPR 1996, 370 ff., 375.
[297] Bericht des Bundestagsausschusses für Raumordnung, Bauwesen und Städtebau, BT-Drs. 13/4978.
[298] BVerwG, NVwZ 1988, 54 ff.

samte übrige Gemeindegebiet zukommen soll, darauf beschränken könne, in einer für die Flächennutzungsplanung typischen Weise, mehr oder weniger pauschalierte Betrachtungen der Nichteignung bestimmter Flächen zur Nutzung der Windenergie anzustellen. Dabei könne die Gemeinde im Rahmen der Ausübung ihrer kommunalen Planungshoheit letztlich alle sachlich gerechtfertigten städtebaulichen Gründe anführen, um aus ihrer Sicht ungeeignete Flächen aus der weiteren Betrachtung auszusondern. Insbesondere seien insoweit nicht die strengeren Maßstäbe für die Prüfung von Einzelvorhaben nach § 35 Abs. 1 Nr. 6 BauGB heranzuziehen.[299]

Im Erläuterungsbericht zum Flächennutzungsplan ist darzustellen, ob die negative Ausschlussfunktion der räumlichen Steuerungsnorm eintreten soll und gegebenenfalls, weshalb die Ausschlusswirkung gelten soll. Dies bedeutet, dass das Planungskonzept in den Erläuterungsbericht mit aufzunehmen ist. Der Erläuterungsbericht dokumentiert dabei nicht nur den subjektiven Willen des historischen Plangebers, sondern soll, ebenso wie die Begründung des Bebauungsplans die Aussagen zu den zentralen Punkten des Bauleitplans, deren Inhalt, Ziele und Auswirkungen verdeutlichen.[300]

a) Möglichkeiten der Darstellung

In § 5 Abs. 2 Nr. 4 BauGB ist vorgesehen, dass im Flächennutzungsplan besondere Flächen für Versorgungsanlagen dargestellt werden können. Windenergieanlagen stellen Versorgungsanlagen dar,[301] soweit sie auch der Versorgung Dritter, also der Bevölkerung, dienen.

Nach § 11 Abs. 2 Satz 2 BauNVO ist die Darstellung von sonstigen Sondergebieten für „Anlagen, die der Erforschung, Entwicklung oder Nutzung erneuerbarer Energien, wie Wind- und Sonnenenergie, dienen," im Flächennutzungsplan möglich. Voraussetzung nach § 11 Abs. 1 BauNVO ist, dass sich das Sondergebiet keinem der in §§ 2 bis 10 BauNVO geregelten Gebietstypen zuordnen lässt, sich also von diesen wesentlich unterscheidet. Bei einer Festlegung als sonstiges Sondergebiet sind gemäß § 11 Abs. 2 Satz 1 BauNVO Zweckbestimmung und Art der Nutzung darzustellen und festzusetzen. Erst die festgesetzte Art der baulichen Nutzung ergibt, welche baulichen Anlagen und Nutzungen in den sonsti-

---

[299] OVG Münster, Urteil v. 30.11.2001, NVwZ 2002, 1135 ff.
[300] BVerwG, NVwZ 1988, 54 ff.
[301] Stüer, Der Bebauungsplan, Rdnr. 89.

gen Sondergebiet zulässig sind und ob ein wesentlicher Unterschied zu den Baugebieten nach §§ 2 bis 10 BauNVO gegeben ist.[302]

Nach § 16 Abs. 1 BauNVO kann eine Begrenzung der Höhe der baulichen Nutzungsmöglichkeit dargestellt werden. Neben dem Gebot der gegenseitigen Rücksichtnahme ist hierbei der Stand der Anlagentechnik zu berücksichtigen. Gleichzeitig sind, soweit erforderlich, bereits Flächen für Nutzungsbeschränkungen oder für Vorkehrungen zum Schutz gegen schädliche Umwelteinwirkungen im Sinne des § 5 Abs. 2 Nr. 6 BauGB sowie Flächen für Maßnahmen zum Schutz, zur Pflege und zur Entwicklung von Boden, Natur und Landschaft nach § 1 a Abs. 3 BauGB, § 5 Abs. 2 Nr. 10 BauGB darzustellen.

In Landschaftsschutzgebieten kommt eine Darstellung von Konzentrationsflächen für die Windenergienutzung nur in Betracht, wenn bei Nichtvereinbarkeit mit der Schutzfunktion eines durch ordnungsbehördliche Verordnung ausgewiesenen oder durch einen Landschaftsplan festgesetzten Landschaftsschutzgebietes, vor der Genehmigung des Flächennutzungsplans die widersprechenden Teile durch die zuständige Landschaftsbehörde beziehungsweise den Träger der Landschaftsplanung aufgehoben oder geändert worden sind.

b) Wirkung der Darstellung

Ziel und Folge einer Ausweisung von Vorrangzonen für die Windenergie im Flächennutzungsplan liegt in der gebündelten Ansiedlung von Windenergieanlagen, wobei der übrige Außenbereich von Windkraftanlagen freigehalten werden soll. Durch die Flächennutzungsplanung kann dieses Ziel im Gegensatz zur Raumordnung in vollem Umfang erreicht werden, da die Flächennutzungsplanung nicht auf raumbedeutsame Vorhaben beschränkt ist. Die Flächennutzungsplanung ermöglicht den Gemeinden die Gewährleistung einer geordneten städtebaulichen Entwicklung bei der Ansiedlung von Windkraftanlagen.

Weist eine Gemeinde Vorrangzonen für Windenergieanlagen im Flächennutzungsplan aus, so hat dies zur Folge, dass außerhalb dieser Zonen der Errichtung solcher Anlagen in der Regel öffentliche Belange entgegenstehen. Die Bedeutung der vom Gesetzgeber gewählten Formulierung „in der Regel" wird überwiegend als zu vernachlässigend angesehen.[303] Aus der Wortwahl „in der Regel" ist jedoch die Lenkungsabsicht des Gesetzgebers für die vorzunehmende Abwägung zu ersehen. Es kommen Einzelfälle in Betracht, die typischerweise im

---

[302] Finkelnburg/Ortloff, Öffentliches Baurecht, Band I, § 7, V, 1, a, S. 91 f.
[303] Runkel, DVBl. 1997, 275 ff., 280; Ernst/Zinkahn/Bieleberg, BauGB, Söfker, § 35 BauGB, Rdnr. 128.

Planvorbehalt nicht vorgesehen waren. Als solche sind insbesondere Windenergieanlagen als Nebenanlagen zu landwirtschaftlichen Betrieben oder anderen im Außenbereich privilegierten Vorhaben zu nennen. Erforderlich ist die Abwägung zwischen dem privaten Interesse an der Errichtung der Windenergieanlage mit dem öffentlichen Belang der planerischen Nutzungskonzentration.

Im Gesetzgebungsverfahren wurde dazu ausgeführt, dass die planende Gemeinde, die zugunsten bestimmter Rechtsgüter eine Nutzung der Windenergie nicht im gesamten Planungsgebiet möchte, ein schlüssiges Planungskonzept mit dem Ziel der Steuerung vorlegen muss, in welchem sie einerseits positiv geeignete Standorte für die Windenergienutzung festlegt, um damit andererseits ungeeignete Standorte im übrigen Planungsgebiet auszuschließen.[304] Dabei ist Voraussetzung für die Entfaltung der Ausschlusswirkung des Flächennutzungsplans nach § 35 Abs. 3 Satz 3 BauGB, dass die im Flächennutzungsplan für die Windenergienutzung dargestellte Vorrangfläche noch eine ins Gewicht fallende Möglichkeit eröffnet, die Windenergie zu nutzen.[305] Eine ausschließlich negativ wirkende Verhinderungsplanung einer Gemeinde ohne gleichzeitige positive Ausweisung eines Standorts zur Nutzung der Windenergie ist grundsätzlich nicht ausreichend.[306]

Werden Vorrangflächen ausgewiesen, die wirtschaftlich nicht nutzbar sind, kann ein Ausschluss für das Restgebiet nicht hergeleitet werden. Aus diesem Grund ist auch Flächennutzungsplänen, deren Vorrangfläche in keinem Verhältnis zur tatsächlichen Potentialfläche steht, keine Wirksamkeit beizumessen.[307] Das Bundesverwaltungsgericht hat in diesem Sinne entschieden, dass es einer Gemeinde verwehrt ist, den Flächennutzungsplan als Mittel zu benutzen, um unter dem Deckmantel der Steuerung Windkraftanlagen in Wahrheit zu verhindern. Es dürfe dementsprechend auch nicht bei einer bloßen „Feigenblatt"-Planung bleiben, die auf eine verkappte Verhinderungsplanung hinausläuft.[308] Wo die Grenze zur Verhinderungsplanung verläuft, lässt sich dabei nicht abstrakt bestimmen. Stattdessen ist eine Entscheidung im Einzelfall zu treffen, bei der die ausgewiesene Fläche nicht nur zur Gemeindefläche, sondern auch zur Größe der Gemeindegebietsteile, die für eine Windenergienutzung - unabhängig aus welchen Gründen - nicht in Betracht kommen.

Soll das Gebiet einer gesamten Gemeinde von Windenergieanlagen freigehalten werden, kann die Gemeinde nach § 204 BauGB eine gemeinsame Flächennut-

---

[304] 8. Ausschuss für Raumordnung, Bauwesen und Städtebau, BT-Drs. 13/4978 S. 7.
[305] OVG Lüneburg, Beschl. v. 17.1.02, ZUR 2002, 299 f., 299.
[306] 8.Ausschuss für Raumordnung, Bauwesen und Städtebau, BT-Drs. 13/4978 S. 7.
[307] Tigges, ZNER 2002, 87 ff., 94.
[308] BVerwG, NVwZ 2003, 733 ff., 735.

zungsplanung mit einer anderen Gemeinde durchführen, die sich dazu bereit erklärt, ausschließlich auf ihrem Gebiet positive Standortausweisungen vorzunehmen, die den Bedarf beider Gemeinden decken. Die Freihaltung einer Gemeinde kann aber auch bereits auf Ebene der Regionalplanung geschehen: Soweit es um raumbedeutsame Windenergieanlagen geht können auf überörtlicher Ebene durch gemeindeübergreifende Festlegungen von Standorten für Windenergieanlagen einzelne Gemeinden vollkommen freigehalten werden.[309] Die Regionalplanung ist der großräumigen und übergreifenden Entwicklung des Raumes verpflichtet, damit ist die Überspielung gemeindlicher Planungskonzepte zulässig.[310]

Ist im gesamten Gemeindegebiet keine für die Nutzung durch Windenergie geeignete Fläche vorhanden, erübrigt sich die Darstellung im Flächennutzungsplan nicht nur, sondern die Gemeinde darf keine Konzentrationszonen im Flächennutzungsplan vorsehen, weil mit der Darstellung von für die Windenergienutzung ungeeigneten Flächen der Gesetzeszweck des § 35 Abs. 3 Satz 3 BauGB verfehlt würde. Sind keine geeigneten Vorrangflächen für die Windenergienutzung vorhanden, kann die Gemeinde keine Ausschlusswirkung des Flächennutzungsplans für sich in Anspruch nehmen.[311] Für diesen Fall bleibt es beim allgemeinen Zulässigkeitstatbestand des § 35 Abs. 1 Nr. 6 BauGB.

c) Tendenzen in der Rechtsprechung

Nach der bisherigen Rechtsprechung dürfen bei der Festlegung von Gebieten für die Errichtung von Windenergieanlagen die auszuweisenden Flächen nicht dadurch verringert werden, dass pauschale Vorsorgeabstände zu Einzelgehöften und Weilern festgesetzt werden.[312] Die Festlegung von derartigen Abständen wurde bisher nur als sachgerecht erachtet, wenn städtebauliche Gründe dies rechtfertigten. Solche Gründe muss die Gemeinde – auf jeden Ortsteil bezogen - nachprüfbar belegen.

Das Oberverwaltungsgericht Münster, vom Bundesverwaltungsgericht bestätigt, erlaubt in neuerer Rechtsprechung den Gemeinden eine restriktivere Standortsteuerung. Gerade aufgrund des mit der Privilegierung der Windenergieanlagen eingeführten Planvorbehalts und der gewollten Übernahme der Rechtsprechung des Bundesverwaltungsgerichts zu den Abgrabungskonzentrationsflächen[313] ergäbe sich letztlich die Möglichkeit einer restriktiveren gemeindlichen Standort-

---

[309] BVerwG, NVwZ 2003, 738 ff., 739.
[310] BVerwG, NVwZ 2003, 738 ff., 742.
[311] Tigges, ZNER 2002, 87 ff., 93.
[312] OVG Nds., NVwZ 1999, 1358.
[313] BVerwG BRS 60, Nr. 90.

steuerung.[314] So lässt das Oberverwaltungsgericht bei der Bildung schallimmissionsrechtlicher Abstandskriterien die Berücksichtigung potentieller Siedlungserweiterungsflächen oder Kriterien des vorbeugenden Immissionsschutzes zu. Dem wird zwar entgegengehalten, eine derartige restriktive Standortsteuerung widerspreche dem Willen des Gesetzgebers, der durch die Neuerungen in Form der Privilegierung der Errichtung von Windenergieanlagen im Außenbereich und der damit verbundenen Schaffung des Planvorbehalts vor allem eine Förderung der Nutzung der Windkraft erreichen wollte.[315] Das Oberverwaltungsgericht Münster verneint nach dieser Ansicht bereits die im planerischen Abwägungsvorgang zu beachtende besondere Förderpflicht zu Gunsten der erneuerbaren Energien. Der Ansicht des Oberverwaltungsgericht Münster könne deshalb nicht gefolgt werden. Dem ist jedoch entgegenzuhalten, dass die restriktive Steuerung dem Gesichtspunkt Rechnung tragen soll, dass es der Gemeinde nicht verwehrt ist, den Stellenwert der Windenergienutzung in der Konkurrenz mit anderen Belangen als einen Abwägungsposten zu behandeln, der, je nachdem welches Gewicht ihm in der konkreten Planungssituation beizumessen ist, nach den zum Abwägungsgebot entwickelten allgemeinen Grundsätzen überwindbar ist.[316]

d) Einfluss des Bayerischen Solar- und Windatlasses

Die Darstellung von Konzentrationszonen hat nach der Rechtsprechung die Ausschlusswirkung im Sinne des § 35 Abs. 3 Satz 3 BauGB auch dann, wenn sich eine Gemeinde bei der Aufnahme von Gebieten für die Windenergienutzung in den Flächennutzungsplan hinsichtlich der Gebietsauswahl lediglich auf den Bayerischen Solar- und Windatlas gestützt hat.[317] Die Gemeinden sind bei der Ausweisung dieser Flächen nicht verpflichtet durch technische Untersuchungen alle für eine Aufstellung von Windenergieanlagen geeigneten Flächen heraus zu finden. Die im Windatlas dargestellten durchschnittlichen Windgeschwindigkeiten bieten eine hinreichend sichere Planungsgrundlage. Bei den Darstellungen im Windatlas handelt es sich zwar nur um Ergebnisse einer grob gerasterten Information über Höhenlage und Bodenbeschaffenheit. Diese sind als solche geeignet, die Größenordnung des zu erwartenden Windenergieertrags abzuschätzen und potentiell geeignete Gebiete von weniger oder ungeeigneten Gebieten abzugrenzen.[318] Die Darstellungen bieten aber keine ausreichenden Informationen für die Entscheidung, ob an einem bestimmten Standort über-

---

[314] OVG Münster, Urteil v. 30.11.01, NVwZ 2002, 1135 ff.
[315] So: Tigges, ZNER 2002, 87 ff., 89.
[316] BVerwG, NVwZ 2003, 733 ff., 736.
[317] BayVGH, Beschluss vom 20.3.2000, BayVBl. 2001, 149.
[318] Allnoch, Windkraft- Journal 4/1996, Aussagkraft mittlerer Jahresgeschwindigkeitswerte, S. 24.

haupt ein wirtschaftliches Betreiben einer Windenergieanlage möglich ist. Eine derartige Entscheidung bedarf einer Untersuchung, in der die Windverhältnisse am konkreten Standort genau ermittelt werden. Es ist jedoch weder Aufgabe des Windatlasses noch Aufgabe des Flächennutzungsplans und der Planungsbehörden, festzulegen, wo ein wirtschaftliches Betreiben einer Windenergieanlage möglich ist. Vielmehr haben diese die Funktion, grundsätzlich geeignete Standorte zu finden und eine Nutzung der Windenergie an diesen Standorten zu ermöglichen.

Selbst wenn die tatsächlichen Windgeschwindigkeiten die im Atlas genannten Geschwindigkeiten nicht erreichen, hindert dies nicht die Wirksamkeit der Darstellung und deren Folgen nach § 35 Abs. 3 Satz 3 BauGB. Denn wenn sich eine Gemeinde entschließt, aus städtebaulichen Gründen Windenergieanlagen in bestimmten Teilen des Gemeindegebiets zu konzentrieren, so ist dies nicht zu beanstanden, soweit in der Konzentrationszone im Vergleich zum restlichen Gemeindegebiet noch verhältnismäßig günstige Windverhältnisse herrschen. Die von den Planungsbehörden ausgewiesenen Flächen müssen dementsprechend auch nicht alle Flächen abdecken, die von der Windhöffigkeit her grundsätzlich für die Nutzung durch Windenergie geeignet sind: Die Darstellungen im Flächennutzungsplan sind nicht unwirksam, wenn neben den ausgewiesenen Flächen weitere günstige Standorte für Windenergieanlagen im Gemeindegebiet bestehen.[319] Dies gilt insbesondere, da die Ausweisung von Konzentrationszonen die Errichtung von Windenergieanlagen im Gemeindegebiet auf anderen Flächen nicht gänzlich ausschließt. Zwar stehen nach § 35 Abs. 3 Satz 3 BauGB der Errichtung privilegierter Vorhaben außerhalb der im Flächennutzungsplan dargestellten Flächen in der Regel öffentliche Belange entgegen. Jedoch ist dies nur der Regelfall. Für den Fall, dass ein Standort bei der Auswahl der Konzentrationszone nicht untersucht wurde, und dieser für Windenergienutzung besser geeignet ist als die von der Gemeinde ausgewiesene Fläche, haben die Bauaufsichtsbehörden die durch das Vorhaben konkret berührten öffentlichen Belange zu ermitteln und abzuwägen.

2. Der Bebauungsplan

a) Allgemein

Nach § 8 Abs. 1 BauGB enthält der Bebauungsplan die rechtsverbindlichen Festsetzungen für die städtebauliche Ordnung und bildet damit zugleich die Grundlage für baurechtliche Maßnahmen. Auch im Bebauungsplan können Flä-

---

[319] BVerwG, NVwZ 2003, 733 ff; 733.

chen für Anlagen, die der Versorgung der Bevölkerung mit Strom, Wasser, Gas und Fernwärme dienen, festgesetzt werden. Dies ist geregelt in § 9 Abs. 1 Nr. 12 BauGB. Zu diesen Anlagen gehören auch Windenergieanlagen, soweit sie der öffentlichen Versorgung dienen.[320] Auf Versorgungsflächen sind Windenergieanlagen grundsätzlich zulässig. Da gerade in dichter bebauten Gebieten Windenergieanlagen oft dem Gebietscharakter widersprechen, ist dort meist eine besondere Festsetzung im Bebauungsplan nach § 9 Abs. 1 Nr. 12 BauGB Voraussetzung für deren Errichtung. Bei der Festsetzung von Versorgungsflächen nach § 9 Abs. 1 Nr. 12 BauGB ist die Art der Anlage im Bebauungsplan genau zu bezeichnen. Da die Versorgungsfläche planungsrechtlich kein Teil des sie umgebenden Baugebiets ist, können Versorgungsanlagen durch die Festsetzung nach § 9 Abs. 1 Nr. 12 BauGB in allen Baugebieten errichtet werden. Wurden Versorgungsflächen nicht festgesetzt, oder außerhalb von Versorgungsflächen ist eine Errichtung nur im Rahmen einer Ausnahmegenehmigung nach § 14 Abs. 2 Satz 2 BauNVO in Verbindung mit § 15 BauNVO möglich, wenn die Windenergieanlage der öffentlichen Versorgung mit Energie dient.

Die Gemeinde kann auch Sondergebiete nach § 11 Abs. 2 Satz 2 BauNVO „für Anlagen, die der Erforschung, Entwicklung oder Nutzung erneuerbarer Energien, wie Wind- und Sonnenenergie, dienen," festsetzen. Auch in solchen Gebieten sind Windenergieanlagen zulässig. Enthält der Bebauungsplan keine derartigen Festsetzungen sind Versorgungsanlagen nach den § 8 Abs. 2 Nr. 1 und § 9 Abs. 2 Nr. 1 BauNVO als gewerbliche oder öffentliche Betriebe in Gewerbe- oder Industriegebieten oder als untergeordnete Nebenanlagen nach § 14 Abs. 1 Satz 1 BauGB zulässig. Hierfür ist keine ausdrückliche Festsetzung im Bebauungsplan erforderlich.

b) Konkretisierung des Flächennutzungsplans

Zur Konkretisierung der Vorgaben des Flächennutzungsplans kann eine Gemeinde im Bebauungsplan Kriterien zur Errichtung von Windenergieanlagen für die im Flächennutzungsplan dargestellten Konzentrationszonen festlegen. Gerade hinsichtlich der Höhenentwicklung der Windenergieanlagen - wie bereits angesprochen haben neuere Anlagen bereits Höhen von ca. 140 m - kann für die Gemeinden insoweit ein Steuerungsbedarf bestehen.[321] Setzt eine Gemeinde einen Höhenbegrenzung von 100 m fest, muss sie im Rahmen der Abwägung prüfen, ob die konkret zu erwartenden nachteiligen Auswirkungen auf den betroffenen Landschaftsraum so gewichtig sind, dass sie die vorgesehene Einschränkung

---

[320] Battis/Krautzberger/Löhr, BauGB, § 9, Rdnr. 50; Niedersberg, S. 43.
[321] Zulässigkeit solcher Festsetzung bejaht: OVG Münster, Beschl. v. 2.7.2002, ZNER 2002, 245 ff.

der vom Flächennutzungsplan vorgegebenen Errichtungsmöglichkeiten von Windenergieanlagen gerechtfertigt erscheinen lassen, und ob mit den vorgesehenen verbindlichen Regelungen des in Aussicht genommenen einfachen Bebauungsplans im Ergebnis eine Umsetzung des Flächennutzungsplans, namentlich der dort dargestellten Konzentrationszone für Windenergieanlagen, unter den im konkreten Fall zu berücksichtigenden wirtschaftlichen Aspekten faktisch unterlaufen wird. Dies kann zu bejahen sein, wenn die Errichtung und Nutzung von Windenergieanlagen mit einer Höhe von bis zu 100 m in dem fraglichen Gebiet als unrentabel eingeschätzt wird.

Eine einschränkende Regelung in bezug auf die Höhenentwicklung von Windenergieanlagen kann aus städtebaulichen Gründen, nämlich solchen der Gestaltung des Ortschafts- und Landschaftsbildes nach § 1 Abs. 5 Satz 2 Nr. 4 BauGB, notwendig sein. Die dargestellte Rechtsprechung, nach der die Zulässigkeit einer derartigen Steuerung zu bejahen ist, wird insoweit kritisiert, als eine Höhenbegrenzung von Windenergienanlagen nicht unbedingt auch zu einer geringeren Beeinträchtigung des Landschaftsbildes führt.[322] Von der Gemeinde ist deshalb zu prüfen, ob sich das aus dem Aufstellungsbeschluss ersichtliche Planungsziel, in diesem Fall der Schutz des Ortschafts- und Landschaftsbildes, durch die planerische Festsetzung erreichen lässt.

Ein ähnlicher Versuch der Steuerung der Ansiedlung von Windenergieanlagen wurde von einer Gemeinde vorgenommen, indem sie die Anzahl von Windkraftanlagen im Bebauungsplan festsetzen wollte. Dies wurde aber bereits im Vorfeld als unzulässig erachtet.[323]

3. Auswirkungen des Bundesnaturschutzgesetzes

Durch das Gesetz zur Neuregelung des Rechts des Naturschutzes und der Landschaftspflege und zur Anpassung anderer Rechtsvorschriften (BNatSchGNeuregG)[324] wurde auch das Bundesnaturschutzgesetz neu gefasst. Ein Hauptziel der Neufassung ist es unter anderem, die Flächennutzungsplanung in Zukunft natur-, umwelt- und landschaftsverträglich zu gestalten. Das Bundesnaturschutzgesetz ist für die Bauleitplanung in mehrfacher Hinsicht von Bedeutung. Nach § 1 Abs. 5 Satz 1 BauGB sollen die Bauleitpläne dazu beitragen, die natürlichen Lebensgrundlagen zu schützen und zu entwickeln und nach § 1 Abs. 5 Satz 2 Nr. 7 BauGB sind bei der Aufstellung der Bauleitpläne gemäß § 1 a BauGB die Belange des Umweltschutzes zu berücksichtigen. Zur Ermitt-

---

[322] OVG Münster, Beschl. v. 2.7.2002, ZNER 2002, 245 ff., 246 mit Anm. Lahme.
[323] OVG Magdeburg, Beschl. v. 24.04.2002, 2 R 270/01.
[324] Vom 25. März 2002; In Kraft getreten am 4. April 2002, BGBl. I S. 1193.

lung des Inhalts dieser Belange ist das Naturschutzrecht des Bundes und der Länder heranzuziehen. Den Ausgangspunkt bilden dabei die Ziele des Naturschutzes und der Landschaftspflege nach § 1 BNatSchG und die Grundsätze des Naturschutzes und der Landschaftspflege nach § 2 BNatSchG. Nach § 1 a Abs. 2 Nr. 1 BauGB sind in der Abwägung bei der Entscheidung über den Inhalt der Bauleitpläne Darstellungen in den Landschaftsplänen, geregelt in §§ 13 ff. BNatSchG, zu berücksichtigen. Dabei sind in der Abwägung nach § 1 Abs. 6 BauGB gemäß § 1 a Abs. 2 Nr. 2 BauGB weiterhin die Vermeidung und der Ausgleich zu erwartender Eingriffe in Natur- und Landschaft zu berücksichtigen. Ferner sind nach § 1 a Abs. 2 Nr. 4 BauGB die Erhaltungsziele und Schutzzwecke der Gebiete von gemeinschaftlicher Bedeutung und der Europäischen Vogelschutzgebiete im Sinne des Bundesnaturschutzgesetzes zu beachten.

4. Der Stand der Technik als beeinflussender Faktor

Als die Bauleitplanung beeinflussender Faktor kommt der jeweilige Stand der Technik in Betracht: Durch den technischen Fortschritt werden zunehmend auch Standorte für die Errichtung von Windenergieanlagen interessant, die bisher für eine derartige Nutzung nicht geeignet waren. So haben die Anlagen immer weniger negative Auswirkungen auf die Umwelt, arbeiten dabei aber immer effektiver, das heißt sie können inzwischen auch an Standorten mit geringer Windhöffigkeit, die bisher für eine Nutzung durch Windenergie als ungeeignet galten, effektiv betrieben werden. Fraglich ist, ob die technischen Entwicklungen Auswirkungen auf bereits bestehende Standortausweisungen haben, diese also durch die Planungsträger gegebenenfalls zu erweitern wären. Für diesen Fall könnte auch eine Verpflichtung für Gemeinden zur Ausweisung von Standorten bestehen, die bisher überhaupt keine Flächen für die Windenergienutzung ausgewiesen haben, weil nach dem bisherigen Stand der Technik keine geeigneten Standorte im Gemeindegebiet vorhanden waren.

Es ist eine differenzierte Betrachtungsweise notwendig:[325] Durch den stetigen technischen Fortschritt sind bereits Flächen für die Nutzung durch Windenergie interessant geworden, auf denen noch vor wenigen Jahren eine sinnvolle, das heißt rentable Nutzung nicht möglich gewesen wäre, und deshalb auch Standortausweisungen für die Windenergienutzung nicht getroffen worden sind. Mangels für die Windenergienutzung ausgewiesener Flächen sind Windkraftanlagen somit in derartigen Gemeinden an allen Standorten möglich, an denen öffentliche Belange nicht entgegenstehen. Die Gemeinden können diese Folge verhindern, indem sie mit einer dementsprechenden Planung auf den geänderten technischen Stand der Entwicklung reagieren und mögliche Standorte durch

---

[325] Rühl, UPR 2001, 413 ff., 415.

Ausweisung gezielt lenken. Eine Verpflichtung der Gemeinde hierzu besteht jedoch nicht.

Hat eine Gemeinde bereits Standorte für die Windenergienutzung ausgewiesen, wird das schlüssige Plankonzept der Gemeinde wegen des dem Planungsträger zustehenden Ermessensspielraums durch geringfügige technische Weiterentwicklungen nicht in Frage gestellt, da bereits eine bewusste planerische Steuerung vorgenommen wurde.[326] Bei Gemeinden mit für die Windenergienutzung ausgewiesenen Flächen besteht deshalb regelmäßig kein Anlass zur Abänderung bisher getroffener Planungsentscheidungen aufgrund der üblichen technischen Änderungen und Weiterentwicklungen bei Windenergienanlagen.

5. Erforderliche Ausgleichsmaßnahmen in der Bauleitplanung

Eingriffe in Natur und Landschaft im Sinne des § 18 Abs. 1 BNatSchG sind unter anderem die Veränderungen der Gestalt oder die Nutzung von Grundflächen, die die Leistungs- und Funktionsfähigkeit des Naturhaushalts oder das Landschaftsbild erheblich beeinträchtigen können. Der Verursacher eines Eingriffs ist nach § 19 Abs.1 BNatSchG verpflichtet, vermeidbare Beeinträchtigungen in diesem Sinne zu unterlassen. Unvermeidbare Beeinträchtigungen sind nach § 19 Abs. 2 Satz 1 BNatSchG durch Maßnahmen des Naturschutzes und der Landschaftspflege vorrangig auszugleichen oder in sonstiger Weise zu kompensieren. Ausgeglichen ist eine Beeinträchtigung nach § 19 Abs. 2 Satz 2 BNatSchG, wenn und sobald die beeinträchtigten Funktionen des Naturhaushalts wieder hergestellt sind und das Landschaftsbild landschaftsgerecht wieder hergestellt oder neu gestaltet ist.

Zunächst ist deshalb zu überprüfen, ob es durch die jeweilige Maßnahme, also durch die Errichtung und Nutzung einer Windenergieanlage, zu einer Beeinträchtigung des Naturhaushalts oder des Landschaftsbildes kommt. Dafür hat eine Aufnahme und Bewertung des Zustandes von Natur und Landschaft vor dem Eingriff stattzufinden. Diesbezüglich ist die Festlegung des Untersuchungsraumes problematisch. Ferner ist zu klären, auf welche Gegenstände sich die Bestandsaufnahme zu beziehen hat.[327] Im Anschluss an die Feststellung des Zustandes hat eine Bewertung zu erfolgen, die sich an den Zielen und Grundsätzen des Naturschutzes und der Landschaftspflege gemäß §§ 1 und 2 BNatSchG zu orientieren hat. Im Anschluss daran werden die voraussichtlich nachteiligen

---

[326] Rühl, UPR 2001, 413 ff., 416.
[327] Stich, UPR 2002, 10 ff., 11.

Wirkungen der Errichtung einer Windenergieanlage als Eingriff im Sinne des § 18 Abs. 1 BNatSchG ermittelt und bewertet. Sodann findet eine Ermittlung und Bewertung der erforderlichen Ausgleichsmaßnahmen statt.

Nach § 1 a Abs. 3 BauGB ist die Darstellung für Flächen zum Ausgleich, bei zu erwartenden Eingriffen in Natur und Landschaft notwendiger Bestandteil in der Abwägung bei der Aufstellung eines Bauleitplans. Dabei ist es im Rahmen einer ordnungsgemäßen Abwägung nicht ausreichend, wenn die Gemeinde lediglich die Erforderlichkeit des Ausgleichs ordnungsgemäß feststellt. Stattdessen muss die Gemeinde auch abwägen, ob der Ausgleich durch Festsetzungen im Bebauungsplan, städtebauliche Verträge oder sonstige geeignete Maßnahmen auf von der Gemeinde bereitgestellten Flächen erfolgen soll.[328]

Flächen zum Ausgleich können im Flächennutzungsplan gemäß § 1 a Abs. 3 Satz 1 in Verbindung mit § 5 Abs. 2 a BauGB dargestellt, oder im Bebauungsplan nach § 1 a Abs. 3 Satz 1 in Verbindung mit § 9 Abs. 1 a BauGB festgesetzt werden. Ferner können städtebauliche Verträge über die Durchführung des Ausgleichs abgeschlossen werden, § 1 a Abs. 3 Satz 3 in Verbindung mit § 11 Abs. 1 Satz 2 Nr. 2 BauGB. Die Gemeinden können die Flächen für geeignete Maßnahmen zum Ausgleich nach § 1 a Abs. 3 Satz 3 in Verbindung mit § 9 Abs. 1 a Satz 2 HS 2 BauGB bereit stellen.

Die Ausgleichsmaßnahmen müssen geeignet sein, entsprechend den Zielen und Grundsätzen des Naturschutzes und der Landschaftspflege nach §§ 1 und 2 BNatSchG, die erheblichen oder nachhaltigen Beeinträchtigungen der Leistungsfähigkeit des Naturhaushalts oder des Landschaftsbildes unter Beachtung des Abwägungsgebots gemäß § 1 Abs. 6 BauGB auszugleichen oder zu mindern. Diesbezügliche Hinweise liefert die Anlage „Grundsätze für die Ausgleichs- und Ersatzmaßnahmen" zur Mustersatzung der Bundesvereinigung der kommunalen Spitzenverbände zur Erhebung von Kostenerstattungsbeträgen nach § 135 a bis § 135 c BauGB.[329] Die in diesen Grundsätzen aufgeführten Ausgleichsmaßnahmen sind jedoch für den Ausgleich von Eingriffen in das Landschaftsbild, wie sie bei der Errichtung von Hochbauten, insbesondere der Errichtung von Windenergieanlagen, entstehen, nicht hilfreich. Nach dem Bundesverwaltungsgericht kommt es insoweit darauf an, dass in dem betreffenden Landschaftsraum ein Zustand geschaffen wird, der den vorhergehenden Zustand in weitest möglicher Anlehnung fortführt.[330] Im Anbetracht der bei einer Errichtung eines Windparks entstehenden Beeinträchtigung des Landschaftsbildes ist jedoch auch dies wohl idealistisch: Bei Errichtung eines Windparks tritt eine

---
[328] OVG Rheinland-Pfalz, BauR 2002, 1205 ff., 1206.
[329] Abgedruckt in: Ernst/Zinkahn/Bielenberg, BauGB, § 135 c BauGB, Rdnr. 2.
[330] BVerwG, Urteil v. 27.9.1990, UPR 1991, 38 ff.

komplette Veränderung des Landschaftsbildes ein. Es ist nicht möglich, den vorhergehenden Zustand in weitest möglicher Anlehnung fortzuführen. Zu treffende Ausgleichsmaßnahmen können deshalb bei einem derartigen Eingriff nur Ersatzmaßnahmen sein.[331]

6. Aktuelle Entwicklungen durch die BauGB-Novelle 2004

Die Plan-UP-Richtlinie[332] wurde im Rahmen des Europarechtsanpassungsgesetz Bau (EAG Bau)[333] umgesetzt. Das Gesetz ist am 20.07.2004 In-Kraft getreten. Dies erforderte eine weitreichende Ergänzung des Verfahrens der Bauleitplanung. Das EAG Bau bringt insbesondere eine Integration der Umweltprüfung in die schon bestehenden Verfahrensschritte der Bauleitplanung.

Nach dem EAG Bau sind alle Bauleitpläne und Raumordnungspläne nunmehr grundsätzlich umweltprüfungspflichtig.

Die Gemeinden sind insbesondere durch die Einführung der generellen UP-Pflichtigkeit der Flächennutzungspläne, Bebauungspläne und der Satzungen nach § 34 Abs. 4 Satz 1 Nr. 2 und 3 BauGB sowie durch die Einführung eines Monitorings, d. h. der Verpflichtung zur Überwachung der erheblichen Auswirkungen der Durchführung der Bauleitpläne auf die Umwelt, betroffen. Ferner sollen künftig Doppelprüfungen durch die vorgesehene Abschichtungsklausel vermieden werden. Die Prüfung der Umweltauswirkungen soll nach der Abschichtungsklausel auf zusätzliche oder andere erhebliche Auswirkungen begrenzt werden, wenn aus einem vorgelagerten Verfahren bereits ein Umweltbericht vorliegt. Dies soll für alle Ebenen von Plänen und Projekten gelten. So können einerseits Abschichtungen von Raumordnungs- über Flächennutzungs- bis hin zu Bebauungsplänen vorgenommen werden, andererseits kann beispielsweise einem Bebauungsplan eine abschichtende Wirkung hinsichtlich der Genehmigung im Zulassungsverfahren zukommen.[334]

Das UP-Verfahren wird zum zentralen Verfahren für alle umweltrelevanten Verfahren und Prüfungen. Die Umweltprüfung wird als formales Trägerverfahren ausgestaltet, mit dem auch bauplanungsrechtlich relevante umweltbezogene Maßgaben und Verfahren, wie beispielsweise die naturschutzrechtliche Eingriffsregelung und die Verträglichkeitsprüfung nach der FFH-Richtlinie in einen einheitlichen Prüfablauf überführt werden, soweit dies im Bauleitplanverfahren

---

[331] Stich, UPR 2002, 10 ff., 15.
[332] RL 2001/42/EG des Europäischen Parlaments und des Rates vom 27. Juni 2001 über die Prüfung der Umweltauswirkungen bestimmter Pläne und Programme.
[333] BR-Drs. 756/03.
[334] Krautzberger, UPR 2004, 41 ff., 45.

selbst möglich und notwendig ist.[335] Die Ausdehnung der verfahrensrechtlichen Anforderungen der Plan-UP auf alle umweltrechtlichen Belange dient im Ergebnis der Vereinfachung im nationalen Planungsrecht und der Vermeidung von Parallelprüfungen.

Im Rahmen der Flächennutzungsplanung wird den Gemeinden im Hinblick auf eine außenbereichsverträgliche Zulassung privilegierter Vorhaben die Möglichkeit der planerischen Beeinflussung durch die Darstellung von Vorrangs-, Eignungs- und Belastungsflächen gegeben. Zusätzlich wird die Steuerungsmöglichkeit der Gemeinden für privilegierte Vorhaben im Außenbereich durch eine Regelung in § 15 BauGB gestärkt, in dem den Gemeinden die Möglichkeit eingeräumt wird, Baugesuche bezüglich Vorhaben nach § 35 Abs. 1 Nr. 2 bis 6 Regierungsentwurf für eine Frist von bis zu einem Jahr zurückzustellen, wenn im Zusammenhang mit der Aufstellung, Änderung oder Ergänzung eines Flächennutzungsplans entsprechende Darstellungen geprüft werden. Für Windkraftanlagen ist eine einmalige Zurückstellungsmöglichkeit von einem Jahr ab In-Kraft-Treten des EAG Bau vorgesehen.

---

[335] Krautzberger, UPR 2004, 41 ff., 44.

D. Die Genehmigung von Windkraftanlagen

Windkraftanlagen sind grundsätzlich bauliche Anlagen im Sinne der jeweiligen Landesbauordnung, z. B. Art. 2 Abs. 1 Satz 1 BayBO.[336] Als solche bedürfen sie zur Errichtung wie auch zu ihrer Änderung einer Baugenehmigung gemäß Art. 62 BayBO. In Bayern werden Windkraftanlagen, als bauliche Anlagen mit mehr als 30 m Höhe, nach Art. 2 Abs. 4 Satz 2 BayBO als Sonderbauten eingestuft. Sie müssen deshalb gemäß Art. 72 in Verbindung mit Art. 73 Abs. 1 BayBO das vollständige Genehmigungsverfahren durchlaufen. Das Erfordernis der Baugenehmigung entfällt selbst dann nicht, wenn die Anlage der öffentliche Versorgung mit Elektrizität dient.[337] Einzelne Landesbauordnungen sehen Ausnahmen von der Genehmigungspflicht von Windenergieanlagen vor.[338] Derartige Ausnahmeregelungen existieren in Bayern nicht. Seit der Umsetzung der UVP-Änderungsrichtlinie ist ab einer gewissen Anzahl von Windenergieanlagen ein UVP-Verfahren durchzuführen und ab drei Anlagen eine immissionsschutzrechtliche Genehmigung nach § 4 BImSchG erforderlich. Eine Baugenehmigung ist wegen der formellen Konzentrationswirkung der immissionsschutzrechtlichen Genehmigung nach § 13 BImSchG derzeit somit nur für die Errichtung von bis zu zwei Anlagen Voraussetzung.

Der Bauantrag ist bei der Gemeinde einzureichen, die dem Vorhaben ihr Einverständnis erteilen muss. Sie darf dabei das Einvernehmen nur aus bauplanungsrechtlichen Gesichtspunkten verweigern. Die erforderliche Baugenehmigung ist zu erteilen, wenn dem Vorhaben öffentlich rechtliche Vorschriften nicht entgegenstehen. Für die planungsrechtliche Beurteilung kommt es dabei auf die §§ 29 ff. BauGB an. Entscheidend ist der Standort der Windenergieanlage, nicht der des zu versorgenden Gebäudes.[339] Des weiteren muss die Windenergieanlage im Einklang mit dem Bauordnungsrecht stehen.

---

[336] Vgl. Art. 62 BayBO, §§ 49 I BW-LBO, 55 BauO Bln, 66 BbgBO, 64 BremLBO, 60 HBauO, 62 HESSBO, 62 LbauO MV, 68 NbauO, 63 BauO NRW, 60RhPfLBauO, 64 SaarlLBO, 62 SächsBO, 65 BauO LSA, 68 SchlHLBO, 62 ThürBO.
[337] VGH München, Urt. v. 25.03.1996, NVwZ 1997, 1010.
[338] Sachsen: WKA bis 10 m Höhe, § 63 a Nr. 2 e SächsBO; Sachsen-Anhalt: WKA bis 10 m Nabenhöhe, § 69 I Nr. 2 d BauO LSA.
[339] BVerwG, NJW 1983, 2716.

I. Bauplanungsrechtliche Aspekte

1. Geltungsbereich eines qualifizierten Bebauungsplans

Windenergieanlagen sind im Geltungsbereich eines qualifizierten Bebauungsplans stets zulässig wenn die Gemeinde im Rahmen ihrer Planungshoheit Festsetzungen über Windenergieanlagen im Bebauungsplan getroffen hat. Derartige Festsetzungen kann die Gemeinde durch die Festlegung von Versorgungsflächen nach § 9 Abs. 1 Nr. 12 BauGB treffen. Auf derartige Festsetzungen können sich allerdings Windenergieanlagen, die nur der eigenen Einzelversorgung und nicht auch der Versorgung Dritter dienen, nicht berufen. Daneben sind Windenergieanlagen auch in nach § 11 Abs. 2 Satz 2 BauNVO „für Anlagen, die der Erforschung, Entwicklung oder Nutzung erneuerbarer Energien, wie Wind- und Sonnenenergie, dienen," festgesetzten Sondergebieten zulässig.

2. Untergeordnete Nebenanlage

Als untergeordnete Nebenanlage ist die Windenergieanlage unabhängig von der Art des Baugebiets und etwaigen Festsetzungen im Bebauungsplan grundsätzlich nach § 14 Abs. 1 Satz 1 BauNVO zulässig. Eine untergeordnete Nebenanlage im Sinne des § 14 Abs. 1 Satz 1 BauNVO liegt vor, wenn sich die Anlage in ihrer Funktion und räumlich-gegenständlich dem primären Nutzungszweck des betreffenden Grundstücks und der auf diesen Zweck ausgerichteten Bebauung dienend zu- und unterordnet. Die Windenergieanlage darf keinen selbständigen Nutzungszweck haben.[340] Dabei verlangt die Unterordnung in räumlich gegenständlicher Hinsicht nach einer optischen Sichtbarkeit.[341] Diese Voraussetzungen liegen in der Regel nur bei kleinen Windenergieanlagen vor, die der Versorgung eines Wohn- oder Wirtschaftsgebäudes dienen. Insbesondere trifft dies auf Windenergieanlagen zu, die der Versorgung eines landwirtschaftlichen Betriebs mit Strom dienen. Das Überragen des zu versorgenden Hauptgebäudes ist nach überwiegender, aber nicht unumstrittener Ansicht wegen des geringen sonstigen baulichen Volumens einer Windenergieanlage noch kein dem Unterordnen entgegenstehender Belang.[342] Wegen der zunehmenden Höhe der neu entwickelten Windenergieanlagen muss jedoch immer eine Entscheidung für den Einzelfall getroffen werden. Grenze für die Genehmigungsfähigkeit untergeordneter Anlagen ist das Erfordernis der Einpassung in die Baugebietsstruktur und die Vermeidung unzumutbarer Beeinträchtigungen im Sinne von § 15 Abs. 1 BauNVO.

---

[340] BVerwGE 67, 23, 26.
[341] BVerwG, DÖV 1977, 326 ff.; v. Mutius, DVBl. 1992, 1472.
[342] BVerwG DVBl. 1983, 886; anders: OVG Lüneburg, RdE 1994, 18 ff.

Private Windenergieanlagen als untergeordnete Nebenanlagen nach § 14 Abs. 1 Satz 1 BauNVO sind in einem Bebauungsplangebiet nur zulässig, wenn sie der Eigenart des Gebiets nicht widersprechen und die Voraussetzungen für untergeordnete Nebenanlagen erfüllen. Diese Möglichkeit besteht insbesondere in lokker bebauten oder bebaubaren Gebieten.[343]

§ 14 Abs. 2 BauNVO ermöglicht die Genehmigung von Windkraftanlagen, die der Versorgung der Baugebiete mit Elektrizität dienen auch für den Fall, dass die Windenergieanlage entgegen § 14 Abs. 1 BauNVO der Eigenart des Gebiets widerspricht. Hierfür findet sich in der Praxis allerdings nur ein geringer Anwendungsbereich, da bebaute Gebiete für Windenergieanlagen ohnehin meist nicht standortgeeignet sind.

Die instanzgerichtliche Rechtsprechung hat bestimmte Maßgrenzen entwickelt. So gelten Grundstücke unterhalb einer Mindestgröße von ca. 1100-1200 m² zur Errichtung von Windkraftanlagen als grundsätzlich ungeeignet. Der Bebauungsplan sollte die Bebauungsdichte mit einer Grundflächenzahl unter 0,4 und einer Geschossflächenzahl unter 0,8 charakterisieren.[344] Trotz dieser Richtwerte ist immer eine Einzelfallbetrachtung erforderlich, bei der sich die Notwendigkeit der Abweichung von diesen genannten Richtwerten ergeben kann.

3. Errichtung im unbeplanten Innenbereich

Existiert für einen im Zusammenhang bebauten Ortsteil kein qualifizierter Bebauungsplan, bestimmt sich die Zulässigkeit einer Windenergieanlage nach § 34 BauGB. Gerade im bauplanungsrechtlichen Innenbereich ist jedoch meist eine nur sehr geringe Windhöffigkeit gegeben, weshalb Windenergieanlagen eher im Außenbereich errichtet werden. Soll dennoch eine Windenergieanlage im unbeplanten Innenbereich errichtet werden, ist gemäß § 34 BauGB zunächst zu untersuchen, ob die Eigenart der näheren Umgebung des Bauvorhabens einem der in der Baunutzungsverordnung aufgeführten Baugebiete nach § 34 Abs. 2 BauGB entspricht. Ist dies der Fall, so bestimmt sich die Zulässigkeit der Windenergieanlage allein nach den Vorschriften der Baunutzungsverordnung. Wie dargestellt, können Windenergieanlagen als untergeordnete Nebenanlagen nach § 14 BauNVO zulässig sein.

Ist die nähere Umgebung des Bauvorhabens keinem der in der Baunutzungsverordnung aufgeführten Gebiete zuzuordnen, so kommt es für die Zulässigkeit der

---

[343] V. Mutius, DVBl. 1992, 1469, 1473.
[344] Ogiermann, Rechtsfragen der Errichtung von Windkraftanlagen, 1992, 69 ff; Stüer/Vildomec, BauR 1998, 427 ff., 427.

Windenergieanlage zunächst auf das Einfügen in die nähere Umgebung nach § 34 Abs. 1 BauGB an. Ein Vorhaben fügt sich dann im Sinne des § 34 BauGB in die Eigenart seiner näheren Umgebung ein, wenn es sich innerhalb des aus seiner Umgebung vorgegebenen Rahmen hält.[345] Entscheidend ist, ob sich die geplante Windenergieanlage nach Art und Maß ihrer Nutzung, ihrer Bauweise und der überbauten Grundstücksfläche in die Eigenart der Umgebung einfügt, sowie nach § 34 Abs. 1 Satz 2 BauGB, ob bei der Errichtung der Anlage die Anforderungen an gesunde Wohn- und Arbeitsverhältnisse gewahrt werden, das Ortsbild nicht beeinträchtigt wird und die Erschließung gesichert ist. Eine private Windenergieanlage für den Eigenbedarf eines Einfamilienhauses kann sich, je nach den konkreten Umständen des Einzelfalles in die Eigenart der näheren Umgebung einfügen, auch wenn es vergleichbare Anlagen dort bisher nicht gab.[346] Maßgeblich sind dabei die konkreten Wirkungen des Vorhabens auf die jeweilige Umgebung, in der es verwirklicht werden soll, und eventuell sich daraus ergebende bodenrechtliche Spannungen. Derartige Spannungen können auch vorliegen, wenn es nicht durch das Vorhaben selbst zu einer Verschlechterung der gegenwärtigen Situation kommt, das Vorhaben aber aufgrund der ihm zukommenden Vorbildwirkung in naher Zukunft eine Verschlechterung nachziehen kann.[347] Gerade dies ist eine typische Problematik im Zusammenhang mit der Genehmigungserteilung für Windenergieanlagen: Eine „erste" Windenergieanlage kann sich in die Umgebung noch einfügen, wird dadurch aber die städtebauliche Situation negativ in Bewegung gebracht, so bedeutet dies im Einzelfall bodenrechtliche Spannungen.[348] Erforderlich ist deswegen eine Einzelfallabwägung. Dabei ist eine Gewichtung zwischen den eigentumsrechtlich geschützten Bauwünschen des Antragsstellers und den hiervon berührten öffentlichen Belangen erforderlich.

Selbst wenn die Windenergieanlage sich in die Eigenart der näheren Umgebung einfügt, kann sie unzulässig sein, wenn sie das Ortsbild beeinträchtigt. Die Beurteilung ist unter städtebaulichen Gesichtspunkten zu treffen. Ästhetische Wirkungen oder die Baugestaltung dürfen in diese Bewertung nicht einfließen. So darf insbesondere die optische Gewöhnungsbedürftigkeit an die technische Neuartigkeit kein ausschlaggebendes Kriterium bilden. Eine Beeinträchtigung des Ortsbildes die zu einer Unzulässigkeit führt, kann nur gegeben sein, wenn das Ortsbild eine gewisse Wertigkeit besitzt, also eine dem Ortsteil aus dem Üblichen herausragende Prägung verleiht.[349] Eine Verunstaltung des Ortsbildes liegt

---

[345] BVerwGE 55, 369 ff.
[346] V. Mutius, DVBl. 1992, 1469 ff., 1473; BVerwG ZfBR 1983, 193 ff., 195.
[347] BVerwGE 44, 302 ff., 305; BVerwGE 55, 369 ff., 386 f.
[348] Battis/Krautzberger/Löhr, BauGB, Krautzberger, § 34, Rdnr. 18, analog zur Problematik bei Vergnügungsstätten.
[349] BVerwG, NVwZ 2000, 1169.

vor, wenn mit der Errichtung der Windenergieanlage der städtebauliche Gesamteindruck erheblich gestört würde, das heißt, wenn der Gegensatz zwischen baulicher Anlage und dem Ortsbild von dem für ästhetische Eindrücke offenen Betrachter als belastend empfunden wird.[350] Eine Verunstaltung ist insbesondere durch den Standort der Windenergieanlage, die Art und Größe des Vorhabens oder durch die Änderung der Ortssilhouette möglich. Einschränkend ist diesbezüglich festzuhalten, dass bei bereits vorhandenen, das Ortsbild beeinträchtigenden Baulichkeiten eine nachteilige Wirkung durch eine Windenergieanlage nicht anzunehmen ist.

Problematisch im Zusammenhang mit der Errichtung von Windenergieanlagen im unbeplanten Innenbereich ist auch das Gebot der nachbarlichen Rücksichtnahme: Ein Einfügen in die Umgebung ist dann zu verneinen, wenn sich das Vorhaben zwar an den Rahmen, der sich aus der Umgebung ergibt hält, jedoch die gebotene Rücksichtnahme auf die sonstige vorhandene Bebauung fehlt.[351] Das Gebot der Rücksichtnahme ist Bestandteil des Tatbestandsmerkmal des Einfügens.[352] Im Ergebnis ist festzuhalten, dass die Voraussetzungen für die Zulässigkeit einer Windenergieanlage bei im Zusammenhang bebauten Ortsteilen nach § 34 BauGB in der Regel allenfalls von kleinen Windenergieanlagen erfüllt werden können.

4. Die Errichtung einer Windenergieanlage im Außenbereich

a) Privilegierung

Windenergieanlagen im Außenbereich sind seit der Baurechtsnovelle zum 01.01.1997 nach § 35 Abs. 1 Nr. 6 BauGB gesetzlich privilegiert. Die Privilegierung zugunsten der Wind- und Wasserenergie wurde durch das Gesetz zur Änderung des BauGB v. 30.07.1996[353] eingeführt und durch das BauROG inhaltlich unverändert als § 35 Abs. 1 Nr. 6 BauGB 1998 übernommen.

Vor dieser Gesetzesänderung waren Windenergieanlagen zwar bereits als untergeordnete Nebenanlagen eines landwirtschaftlichen Betriebs nach § 35 Abs. 1 Nr. 1 BauGB privilegiert zulässig. Voraussetzung der Privilegierung einer Windenergieanlage als untergeordnete Nebenanlage in diesem Sinn war, dass nicht der überwiegende Teil der erzeugten Energie zur Einspeisung in das öf-

---

[350] BVerwGE 2, 172 ff., 177.
[351] BVerwGE 55, 386; NJW 1981, 139; ZfBR 1981, 187.
[352] Battis/Krautzberger/Löhr, BauGB, Krautzberger, § 34, Rdnr. 17.
[353] BGBl. I, 1189.

fentliche Netz bestimmt ist.[354] Ferner war Voraussetzung einer Privilegierung nach § 35 Abs. 1 Nr. 1 BauGB, dass die Windenergieanlage dem Betrieb der Hauptanlage unmittelbar zu- und untergeordnet ist und einschließlich aller Nebenanlagen nur einen untergeordneten Teil der Betriebsfläche einnimmt. Die räumliche Zuordnung erfordert dabei, dass die Windenergieanlage sich in angemessener Nähe zu dem mit der Energie versorgten landwirtschaftlichen Betrieb befindet. Nach der Zweckbestimmung muss der überwiegende Teil der erzeugten Energie dem privilegierten Vorhaben zugute kommen. Im Einzelfall kann die Windenergieanlage als untergeordnete Nebenanlage auch mehreren landwirtschaftlichen Betrieben dienen. Die Privilegierung nach § 35 Abs. 1 Nr. 1 BauGB fand aber keine Anwendung, wenn lediglich die Absicht bestand, die Erlöse aus der Einspeisung des in einer privaten Windenergieanlage erzeugten Stroms in das öffentliche Versorgungsnetz zum Ausbau eines landwirtschaftlichen Betriebs zu verwenden.[355]

Neben der Möglichkeit der Privilegierung nach § 35 Abs. 1 Nr. 1 BauGB konnte auch eine im Außenbereich gelegene private Windenergieanlage für die Versorgung eines nach § 35 Abs. 1 Nr. 4 BauGB privilegierten Betriebes als untergeordnete Nebenanlage von der Privilegierung des Betriebs gedeckt sein.[356] Voraussetzung hierfür war, dass der erzeugte Strom ganz oder zumindest überwiegend für die privilegierte Nutzung verwendet wurde. War die Windenergieanlage unter diesen Voraussetzungen privilegiert, so konnte ihre Zulässigkeit nicht an einem Planungserfordernis als öffentlichem Belang scheitern.[357] Das Bundesverwaltungsgericht hat dann jedoch in einer grundlegenden Entscheidung eine Privilegierung nach § 35 I Nr. 4 BauGB verneint, weil Windenergieanlagen nicht standortgebunden seien.[358] Windenergieanlagen seien vielmehr standortvariabel, das heißt im Rahmen bestehender tatsächlicher und rechtlicher Vorgaben kann ihr Standort frei gewählt werden.

Diese Rechtsprechung führte letztlich zu der vorgenommenen Gesetzesänderung von 1998, da ein weiterer Ausbau der Windenergie im Sinne der politischen Ziele und Verpflichtungen nur bei einer privilegierten Stellung der Windenergieanlagen zu verwirklichen war. Bei der Aufnahme der Windenergieanlagen in die privilegierten Vorhaben sah der Gesetzgeber die Möglichkeit einer Versagung ein Genehmigung für eine Windenergieanlage wegen entgegenstehender

---

[354] BVerwG DVBl. 1994, 1141.
[355] VGH München, Beschl. v. 25.3.96-14 B 94119-unveröffentlicht.
[356] BVerwG, NJW 1983, 2718 (=BVerwGE 67,41).
[357] BVerwG, NJW 1983, 2718 (=BVerwGE 67,41); BVerwG, Beschluss v. 8.2.91-4 B 10.91-, NVwZ-RR 1991, 456 (BauR 1991, 179); Beschluss v. 8.7.96- 4 B 120.96-Buchholz 406.11 § 35 BauGB Nr. 323-Windkraftanlage.
[358] BVerwG, DVBl. 1994, 1141.

öffentlicher Belange wegen des bestehenden hohen Antragsdrucks jedoch nicht als ausreichend an, so dass die planerische Steuerungsmöglichkeit mit § 35 Abs. 3 Satz 3 BauGB flankierend geschaffen wurde.[359]

b) Entgegenstehende öffentliche Belange

Durch die flankierende planerische Steuerungsmöglichkeit oder durch entegegenstehende öffentliche Belange im Sinne des § 35 Abs. 3 Satz 1 BauGB kann eine Windkraftanlage im Außenbereich trotz ihrer gesetzlichen Privilegierung abgelehnt werden. Daneben ist die Genehmigungserteilung auch abzulehnen, wenn die Erschließung nach § 35 Abs. 1 BauGB nicht gesichert ist. Das Verhältnis der geplanten Windenergieanlage zu den öffentlichen Belangen ist anhand einer nachzuvollziehenden Abwägung festzustellen.[360] Aufgrund der zu treffenden Abwägung ist der entscheidenden Behörde ein gewisser Spielraum eröffnet.[361] Dennoch kann die Windenergieanlage nur versagt werden, wenn öffentliche Belange entgegenstehen, eine bloße Beeinträchtigung öffentlicher Belange ist nicht ausreichend. Anzumerken ist noch, dass der Planvorbehalt sich nicht auf solche Windenergieanlagen erstreckt, die einem landwirtschaftlichen Betrieb als untergeordnete Nebenanlage dienen und deswegen nach § 35 Abs. 1 Nr. 1 BauGB privilegiert sind.[362] Aus dem Katalog des § 35 Abs. 3 Satz 1 BauGB kommen als öffentliche Belange, die einer Errichtung von Windkraftanlagen entgegenstehen können, insbesondere folgende in Betracht:

(1) Darstellungen des Flächennutzungsplans

Öffentliche Belange stehen der Genehmigung einer gemäß § 35 Abs. 1 Nr. 6 BauGB privilegierten Windenergieanlage entgegen, wenn die Anlage den Darstellungen des Flächennutzungsplans widerspricht. Ein Widerspruch zu den Darstellungen des Flächennutzungsplans in diesem Sinne liegt vor, wenn eine sachlich und räumlich hinreichend konkrete anderweitige Standortdarstellung erfolgt ist. Regelmäßig nicht genügend ist eine Darstellung von Flächen für die Landwirtschaft nach § 5 Abs. 2 Nr. 9 BauGB, da dem Außenbereich ohnehin vorrangig diese Funktion zukommt.[363] Nur eine konkrete andere Nutzungszuweisung, die auch im Erläuterungsbericht zum Ausdruck kommen muss, kann einen Widerspruch zwischen einer beantragten Windenergieanlage und dem Flächennutzungsplan begründen. Hierfür kann die Darstellung einer Fläche zum

---

[359] Schidlowski, NVwZ 2001, 388 ff., 388.
[360] Stüer, Bau- und Fachplanungsrecht, Rdnr. 1534; Wagner, UPR 1996, 370 ff., 372.
[361] A.A.: Wagner, UPR 1996, 370 ff., 372.
[362] Runkel, Deutsches Volksheimstättenwerk (Hrsg.), 1 ff., 1.
[363] Stüer, Bau- und Fachplanungsrecht, Rdnr. 1541; BVerwG, NVwZ 1961, 161.

Schutz, zur Pflege und zur Entwicklung von Natur und Landschaft nach § 5 Abs. 2 Nr. 10 BauGB ausreichend sein, wenn die Windenergieanlage die im Flächennutzungsplan vorgesehene Nutzung unmöglich machen würde. Sind beide Nutzungen nebeneinander möglich, so widersprechen sie sich nicht.[364]

(2) Schädliche Umwelteinwirkungen

Nach § 35 Abs. 3 Satz 1 Nr. 3 BauGB liegt ein der Errichtung einer Windenergieanlage entgegenstehender öffentlicher Belang vor, wenn durch die Errichtung der Anlage schädliche Umwelteinwirkungen hervorgerufen werden können. Der Begriff der schädlichen Umwelteinwirkung entspricht dabei dem des § 3 Abs. 1 BImSchG. Dabei müssen die Einwirkungen erheblich sein, wobei es auf eine Unzumutbarkeit der entstehenden Situation ankommt. Mit der Errichtung von Windenergieanlagen können schädliche Umwelteinwirkungen insbesondere in Form von Schall, Schattenwurf, Disco-Effekt, Eisabwurf, Störungen der Vogelwelt, Gefährdungen durch mangelnde Stabilität der Anlagen, Beeinträchtigungen von Flora und Fauna oder Störungen des Landschaftsbildes hervorgerufen werden.

Von einer Verunstaltung des Orts- und Landschaftsbildes im Sinne des § 35 Abs. 3 Satz 1 Nr. 5 ist auszugehen, wenn der Gegensatz zwischen Orts- und Landschaftsbild und Windenergieanlage von einem für ästhetische Eindrücke offenen Durchschnittsbetrachter als belastend oder verletzend empfunden wird.[365] Insbesondere ist eine Beeinträchtigung der natürlichen Eigenschaft der Landschaft zu bejahen, wenn ein Vorhaben seiner Umgebung wesensfremd ist, sich nicht organisch einfügt und als Fremdkörper wirkt. Maßgeblich dafür, ob die hervorgerufenen Auswirkungen derart intensiv sind, dass sie als öffentliche Belange der Errichtung einer Windenergieanlage entgegenstehen, ist letztlich eine Einzelfallentscheidung.[366] Allein die technische Neuartigkeit der Windenergieanlagen und eine damit einhergehende Gewöhnungsbedürftigkeit führen nach der Rechtsprechung nicht ohne weiteres zu einer Beeinträchtigung des Ortsbildes.[367]

(3) Belange des Naturschutzes und der Landschaftspflege

Ein der Errichtung einer Windenergieanlage entgegenstehender öffentlicher Belang liegt auch vor, wenn das Vorhaben zu den Zielen des Landschaftsschut-

---

[364] Wagner, UPR 1996, 370 ff., 373.
[365] BVerwG, Urt. v. 28.6.1955, I C 146.53, in: BVerwGE 2, 172 ff., 177.
[366] BVerwG, Beschl. v. 8.2.1991, 4 B 10.91, ZfBR 1991, 131, 132.
[367] BVerwG, Urt. v. 18.2.1983, 4 C 18.81, BVerwGE 67, 23 ff., 33.

zes im Sinne des § 35 Abs. 3 Satz 1 Nr. 5 BauGB im Widerspruch steht. Voraussetzung hierfür ist nicht, dass bereits ein Schutzgebiet förmlich ausgewiesen ist. Entscheidend ist vielmehr, ob Ziele und Grundsätze des Naturschutzes im Sinne der §§ 1, 2 BNatSchG in unzulässiger Weise betroffen werden.[368]

Bezüglich des Landschaftsschutzes als den Windenergieanlagen entgegenstehender öffentlicher Belang ist die Rechtsprechung der erst- und zweitinstanzlichen Verwaltungsgerichte im wesentlichen einheitlich: Eine privilegierte Windenergieanlage setzt sich gegenüber allgemeinen Gesichtspunkten des Landschaftsschutzes durch. Liegt der für die Windenergieanlage gewählte Standort jedoch in einem durch Rechtsverordnung festgesetzten Landschaftsschutz- oder Naturschutzgebiet, setzt sich der Landschaftsschutz durch, wenn sich die in der Verordnung genannten Ziele nicht in Übereinstimmung mit der Windenergieanlage bringen lassen.[369]

Zur Klärung ob von einer geplanten Windenergieanlage Belange der Landschaftspflege beeinträchtigt werden, ist auf die in den Naturschutzgesetzen enthaltenen Ziele und Grundsätze der Landschaftspflege zurückzugreifen, §§ 1 und 2 BNatSchG.[370] Entscheidend ist somit die Eigenart und Schönheit von Natur und Landschaft als Lebensgrundlagen des Menschen und als Voraussetzung für seine Erholung nachhaltig zu sichern, unbebaute Bereiche in für ihre Funktionsfähigkeit genügender Größe zu erhalten und Landschaftsteile, die sich durch ihre Schönheit, Eigenart, Seltenheit oder ihren Erholungswert auszeichnen, von einer Bebauung freizuhalten, Art 1 Abs. 2 Nr. 2 BayNatSchG.

Die angesprochenen Belange stehen der Errichtung einer Windenergieanlage entgegen, wenn sie im konkreten Fall ein höheres Gewicht haben als die für die Errichtung der Anlage im Außenbereich sprechenden Gesichtspunkte. Dabei ist immer die grundsätzliche Privilegierung von Windenergieanlagen im Außenbereich durch den Gesetzgeber aufgrund des bestehenden öffentlichen Interesses an der Nutzung der Windenergie zu beachten.[371] Im Ergebnis ist ein höheres Gewicht der Landschaftspflege nur zu bejahen, wenn ein Landschaftsbild von besonderer Schönheit gegeben ist oder der Erholungswert der jeweiligen Landschaft durch die Anlage in besonders hohem Maß beeinträchtigt werden würde.[372] Fraglich ist, ob der Landschaftspflege nicht bereits deshalb ein höheres Gewicht zukommt, weil die zu errichtende Anlage weithin sichtbar wäre. Dagegen spricht, dass gerade die weite Sichtbarkeit zu dem typischen Erscheinungs-

---

[368] Büdenbender, Energierecht I, Rdnr. 1412.
[369] BayVGH v. 25.03.1996, BayVBl. 1997, 369; OVG Gera v. 06.06.1997, ZUR 1998, 38.
[370] VG Augsburg, Urt. v. 11.7.01, Au 4K 00.950.
[371] VG Augsburg, Urt. v. 11.7.01, Au 4K 00.950.
[372] VG Augsburg, Urt. v. 11.7.01, Au 4K 00.950.

bild von Windenergieanlagen gehört, da die für ihre Nutzung erforderlichen Windverhältnisse meist gerade nur an exponierten Stellen vorhanden sind.[373] Zudem ist zu berücksichtigen, dass bereits bei einer Entfernung von wenigen Kilometern eine derartige Anlage allenfalls bei klarer Sicht und dann auch nur noch klein in Erscheinung tritt. Andererseits wurde in der Rechtsprechung aber auch bereits die Zulässigkeit wegen der exponierten Lage von geplanten Windenergieanlagen verneint.[374] Dies wurde damit begründet, dass gerade durch eine exponierte Lage eine erhebliche Beeinträchtigung des Natur- und Landschaftsbildes eher gegeben ist als in uneinsehbaren Gebieten.

(4) Sonstige Erfordernisse der Raumordnung

Auch sonstige Erfordernisse der Raumordnung als öffentlicher Belang, entsprechend § 35 Abs. 3 Satz 3 BauGB, können der Errichtung einer Windkraftanlage entgegenstehen.[375] Das Bundesverwaltungsgericht hat im Zusammenhang mit seiner Entscheidung zum Kiesabbau[376] eine mittelbar ausschließende Wirkung unterstützender Darstellungen im Flächennutzungsplan hinsichtlich der nicht für diese Nutzung ausgewiesenen Flächen hergeleitet. Bei Übertragung dieser Rechtsprechung auf Windenergieanlagen kann die unterstützende Darstellung eines konkreten Standortes zur Errichtung von Windenergieanlagen eine Unzulässigkeit von Windenergieanlagen im übrigen Außenbereich der Gemeinde begründen. So steht der Errichtung von Windenergieanlagen auf anderen – das heißt außerhalb der ausgewiesenen – Flächen entgegen, wenn der Erläuterungsbericht die Absicht erkennen lässt, dass nur der konkret ausgewiesene Standort für eine Errichtung von Windenergieanlagen zur Verfügung stehen soll.[377] Es muss erkennbar sein, dass die Gemeinde die Zulässigkeit weiterer Windkraftanlagen außerhalb der Konzentrationszone zwar erwogen hat, aber ausdrücklich abgelehnt hat.[378] Selbst für diesen Fall bleibt aber zu berücksichtigen, dass die Errichtung nur „in der Regel" unzulässig ist.[379]

---

[373] VG Augsburg, Urt. v. 11.7.01, Au 4 K 00.950.
[374] BayVGH v. 25.3.1996, Az. 14 B 94.119.
[375] OVG Lüneburg, Beschl. v. 17.1.02, ZNER 2002, 140 f.
[376] BVerwG, NVwZ 1988, 54.
[377] BVerwG, NVwZ 1988, 54 ff.
[378] Runderlass NRW, III. 2.2.1 und III. 2.2.2.
[379] Wagner, UPR 1996, 370 ff., 373; Stüer/Vildomec, BauR 1998, 427 ff., 432.

II. Bauordnungsrechtliche Aspekte

1. Allgemeiner Überblick

Für Windenergieanlagen gelten die allgemeinen bauordnungsrechtlichen Anforderungen. Windenergieanlagen dürfen die öffentliche Sicherheit und Ordnung im Sinne des Art. 3 BayBO nicht gefährden. Als statisch und konstruktiv schwierige Bauwerke müssen sie insbesondere Standsicherheit im Sinne von Art. 13 BayBO gewährleisten.[380] Ferner müssen nach Art 15 Abs. 7 BayBO dauernd wirksame Blitzschutzanlagen vorhanden sein. Erschütterungen, Schwingungen oder Geräusche sind zu dämmen, Art. 16 Abs. 3 BayBO.

Daneben spielen insbesondere Art. 11 und 91 BayBO eine Rolle: So darf weder die Gestaltung verunstaltend wirken, noch darf der Einklang mit dem Straßen-, Orts-, und Landschaftsbild gestört sein, oder eventuellen Gestaltungsfestsetzungen in Bebauungsplänen oder örtlichen Bauvorschriften widersprochen werden. Örtliche Bauvorschriften gliedern sich in die Bereiche baugestalterische Vorschriften und Schutzvorschriften.[381] Derartige Vorschriften ermächtigen die Gemeinden zum Erlass von Anforderungen an die äußere Gestaltung baulicher Anlagen. Dabei besteht Unklarheit über den Umfang der Ermächtigung zum Erlass örtlicher Bauvorschriften.[382] Der Wortlaut in den Landesbauordnungen zu den Anforderungen an die Baugestaltung ist uneinheitlich. Es handelt sich jedoch lediglich um terminologische Unterschiede. Die Landesbauordnungen stellen umgebungsunabhängige wie auch umgebungsabhängige Anforderungen auf.[383] Zu den umgebungsabhängigen Anforderungen gehört insbesondere die Bestimmung, dass die bauliche Anlage die Umgebung, d. h. vor allem das bestehende Straßen-, Orts- und Landschaftsbild, nicht verunstalten darf.[384] Eine Verunstaltung des Orts- und Landschaftsbildes durch eine im Außenbereich privilegierte Windenergieanlage ist nur im Ausnahmefall anzunehmen, das heißt nur, wenn die Umgebung wegen ihrer Schönheit und Funktion besonders schutzwürdig ist oder wenn eine Verwirklichung des Vorhabens zu einem besonders groben Eingriff in das Landschaftsbild führt.[385] Insbesondere werden Belange des Naturschutzes und der Landschaftspflege nur dann durch die Errichtung von Windenergieanlagen - außerhalb förmlich festgesetzter Landschafts- und Naturschutzgebiete beeinträchtigt - wenn eine nachhaltige Fernwirkung in die Leistungsfähigkeit des Naturhaushalts oder die Tier- und Pflanzen-

---

[380] Bayerischer Solar- und Windatlas, S. 55; v. Mutius, DVBl. 1992, 1469 ff., 1471.
[381] Manssen, Stadtgestaltung durch örtliche Bauvorschriften, S. 102.
[382] Manssen, Stadtgestaltung durch örtliche Bauvorschriften, S. 165.
[383] Manssen, Stadtgestaltung durch örtliche Bauvorschriften, S. 166.
[384] Manssen, Stadtgestaltung durch örtliche Bauvorschriften, S. 166 f.
[385] VG Dessau, Urt. V. 13.12.00, UPR 2001, 460.

welt gegeben ist.[386] Bloße nachteilige Veränderungen oder Beeinträchtigungen des Landschaftsbildes machen privilegierte Vorhaben wie eine Windkraftanlage hingegen nicht unzulässig.[387] Bei der Beurteilung ist dabei auf den Standpunkt eines gebildeten, für den Gedanken von Natur- und Landschaftsschutz aufgeschlossenen Betrachters abzustellen. Weder die technische Neuartigkeit einer Windkraftanlage noch die dadurch bedingte optische Gewöhnungsbedürftigkeit allein sind jedoch geeignet, ein Landschaftsbild zu beeinträchtigen. Die Rechtsprechung sieht sie noch nicht einmal als Indiz für eine derartige Beeinträchtigung.[388]

2. Abstandsflächen

Es existieren bereits mehrere Gerichtsentscheidungen, nach denen Windkraftanlagen den gesetzlichen Abstandsvorschriften unterworfen sind, da von Windkraftanlagen Wirkungen wie von Gebäuden im Sinne des Art. 6 Abs. 9 BayBO ausgehen.[389] Windenergieanlagen unterliegen deshalb den Abstandsflächenbestimmungen des jeweiligen Landesrechts,[390] beispielsweise Art. 6 BayBO. Ein typisches nachbarrechtliches Problem im Rahmen des Bauordnungsrechts ist die Frage, welchen Mindestabstand im Sinne von Art. 6 BayBO zu errichtende Windkraftanlagen zu den Nachbargrundstücken einhalten müssen, unabhängig davon, ob diese bebaut sind. Problematisch ist dies insbesondere wegen dem Schattenwurf den derartige Anlagen verursachen.

In der Praxis existiert eine Vielzahl verschiedener Berechnungsarten zur Ermittlung der „richtigen" Abstandsflächen bei Windenergieanlagen. In der Rechtsprechung ist schon nicht einheitlich beurteilt, was als Höhe einer Windenergieanlage anzusetzen ist. Teilweise wird die Höhe entsprechend dem höchsten Punkt der vom Rotor bestrichenen Fläche bestimmt.[391] Nach einer anderen Ansicht ist lediglich die Höhe des Mastes einschließlich des Generators maßgebend.[392] Aufgrund des Schattenwurfs sind die Rotorblätter jedoch zumindest mitbestimmend für den Eindruck, den die Anlage auf die Umgebung macht. Deshalb ist bei der Höhenbestimmung die von den Rotorblättern überstrichene

---

[386] VG Dessau, Urt. V. 13.12.00, UPR 2001, 460.
[387] OVG Lüneburg, Urt. v. 30.10.1997 - 6 L 6400/95; OVG Bautzen, Urt. v. 18.5.00 - 1 B 29/98; OVG Münster, Urt. v. 12.6.01, NuR 2001, 710.
[388] BVerwGE 67, 23, 33.
[389] OVG Greifswald, Beschluss v. 30.5.00, NVwZ 2001, 454 ff.; OVG Münster v. 29.8.1997, NVwZ 1998, 978 ff.
[390] OVG Greifswald, Beschluss v. 30.5.00, NVwZ 2001, 454 ff.
[391] OVG Münster v. 29.08.1997, NVwZ 1998, 978 ff.; OVG Greifswald, Beschl. v. 30.05.00 - Az.: 3 M 128/99.
[392] VG Augsburg, Urt. v. 14.02.2001 - Az.: Au 4 K 00.310 und 01.122.

Fläche mit zu berücksichtigen. Demnach hat sich die Tiefe der einzuhaltenden Abstandsfläche an der Höhe der Windkraftanlagen einschließlich der Rotorblätter zu orientieren und beträgt je nach Landesbauordnung zwischen der Hälfte dieser Höhe und der vollen Höhe.[393]

Bei der Berechnung des einzuhaltenden Abstandes ist mit zu berücksichtigen, dass der Rotor sich um die Achse des Mastes dreht.[394] Nordrhein-Westfalen hat eine eigene, nur für Windkraftanlagen geltende Abstandsregelung geschaffen: Nach § 6 Abs. 10 BauO NW "bemisst sich die Tiefe der Abstandsfläche nach der Hälfte ihrer größten Höhe. Diese errechnet sich bei Anlagen mit Horizontalachse aus der Höhe der Rotorachse über der geometrischen Mitte des Mastes zuzüglich des Rotorradius. Die Abstandsfläche ist ein Kreis um den geometrischen Mittelpunkt des Mastes." Bei der gesetzlichen Vorgabe wurde somit berücksichtigt, dass sich der Rotor um die Achse dreht. Gleichzeitig wurden die Windenergieanlagen durch diese gesetzliche Vorgabe gegenüber den üblicherweise von Gebäuden oder baulichen Anlagen, von denen eine Wirkung wie von einem Gebäude ausgeht, einzuhaltenden Abstandsflächen in Nordrhein-Westfalen privilegiert.

Umstritten ist in der Rechtsprechung auch, ob das Schmalseitenprivileg auf Windkraftanlagen Anwendung findet.[395] Das Schmalseitenprivileg besagt, dass - soweit zwei Außenwände weniger als 16 m lang sind - die Hälfte der nach dem Gesetz zu errechnenden Abstandsfläche genügen soll, jedoch mindestens ein Abstand von 3 m einzuhalten ist. Trotz der schmalen Gestalt des Mastes einer Windenergieanlage gehen von einer derartigen Anlage erhebliche optische Auswirkungen auf Nachbargrundstücke aus. Dies nicht nur wegen der Höhe der Anlage, sondern auch aufgrund des Rotordurchmessers. Das Schmalseitenprivileg ist eine Regelung, die auf vier – gerade- Außenwände zugeschnitten ist. Die Anwendung des Schmalseitenprivilegs für Windenergieanlagen ist – zum einen wegen der Rundung des Mastes, zum anderen auch wegen der Besonderheit des drehenden Rotors und der damit verbundenen Wirkung auf die Umgebung - abzulehnen.[396]

Nach den jeweils geltenden Landesbauordnungen[397] kann eine Abweichung von den Abstandsflächenregelungen zugelassen werden, wenn dies unter Berück-

---

[393] OVG Münster v. 29.08.1997, NVwZ 1998, 978 ff.
[394] OVG Greifswald, UPR 2001, 79 f., 79.
[395] Befürwortend: VG Augsburg, Urt. v. 14.02.2001 - Az.: Au 4 K 00.310 und 01.122; OVG Lüneburg, Beschl. v. 13.08.2001, NuR 2001, 720; ablehnend: OVG Münster, NVwZ 1998, 978 ff.
[396] So auch für Funkmasten: OVG NRW, Beschl. v. 28.2.01 – 7 B 214/01.
[397] So zum Beispiel Art. 70 BayBO.

sichtigung der jeweiligen Anforderungen unter Würdigung der nachbarlichen Interessen mit den öffentlichen Belangen vereinbar ist.

3. Sicherheitsleistung für den Rückbau

Teilweise versuchten die Bauaufsichtsbehörden, die Baugenehmigungen für Windenergieanlagen nur unter der Bedingung oder Auflage zu erteilen, dass zuvor eine Sicherheitsleistung für den Rückbau der Anlage nach Betriebseinstellung geleistet wird. Nach den geltenden Landesbauordnungen kann eine Sicherheitsleistung jedoch nur dann beansprucht werden, wenn die Baugenehmigung unter Auflagen oder Bedingungen erteilt wird, mit dem Zweck, die Einhaltung dieser Auflage oder Bedingung zu sichern.[398] Entspricht die zu errichtende Windenergieanlage jedoch den öffentlich-rechtlichen Vorschriften, so besteht ein Anspruch auf Erteilung der Baugenehmigung. Dieser kann nicht eingeschränkt werden. Eine derartige Bedingung oder Auflage einer Sicherheitsleistung ist deshalb, zumindest nach derzeitiger Rechtslage, rechtswidrig.

III. Interessenkollisionen bei Erteilung von Baugenehmigungen

Die Interessen Dritter sind von der Baugenehmigungsbehörde für alle Gebiete im Rahmen des Gebots der Rücksichtnahme in die Abwägung einzustellen. Das Gebot der Rücksichtnahme ist je nach Gebietsart verankert im Merkmal des „Einfügens" in § 34 Abs. 2 BauGB, in § 15 BauNVO oder wird für den Außenbereich aus § 35 Abs. 3 Satz 1 Nr. 3 abgeleitet. Dabei entfaltet das Gebot der Rücksichtnahme seine Wirkung bei privilegierten ebenso wie bei nichtprivilegierten Anlagen.[399]

1. Richtfunkstrecken von Mobilfunkbasisanlagen

Unabhängig von der Abstandsflächenproblematik können sich für die Baugenehmigungsbehörden Probleme ergeben, wenn Windkraftanlagen im Verlauf von Richtfunkstrecken von Mobilfunkanlagen genehmigt werden sollen. In der Praxis ist dies ein akuter Konflikt, da derzeit und in den nächsten Jahren bundesweit eine Vielzahl von Sendestationen errichtet werden. Die Interessenkollision zwischen Windkraftanlagen und Mobilfunkanlagen beruht darauf, dass die in großer Höhe befindlichen Rotorblätter durch ihre Drehbewegung zu einer Störung der Funkübertragung führen können. Derartige potentielle Kollisionen

---

[398] Ausführlich hierzu: Niedersberg/Baumann, ZNER 2002, 101 ff.
[399] Taegen in: Schlichter/Stich (Hrsg.), BauGB, § 35, Rdnr. 65, m. w. N.; Schmaltz in: Schrödter (Hrsg.), BauGB, § 35, Rdnr. 68 f., m. w. N.

sollten bereits im Planungsstadium berücksichtigt werden.[400] Im Rahmen der genehmigungsrechtlichen Prüfung sind die Baugenehmigungsbehörden verpflichtet, die Interessen der Mobilfunkbetreiber bei der Genehmigung von Windenergieanlagen zu berücksichtigen.

Es stellt sich die Frage, ob die Baugenehmigungsbehörde verpflichtet ist, sich selbst Informationen über etwaige Interessenskollisionen, das heißt insbesondere über den Verlauf bereits bestehender Streckennetze, zu beschaffen, oder ob sie sich darauf verlassen kann, von den Mobilfunkdienstleistern darüber informiert zu werden. Die Relevanz dieser Frage ergibt sich für die Baugenehmigungsbehörde vor allem aus der Gefahr der Haftung. Als Rechtsgrundlage zur selbständigen Informationsbeschaffungspflicht kommt zunächst der verwaltungsrechtliche Untersuchungsgrundsatz in Betracht: Nach § 24 VwVfG ist die Behörde aber nur verpflichtet, sich im Rahmen des ihr Zumutbaren Kenntnis von den von ihr für den Abwägungsvorgang benötigten Umständen zu verschaffen.[401] Eine umfassende Sachverhaltsermittlungspflicht folgt aus dieser Vorschrift nicht. Die Zumutbarkeit ist im Rahmen einer Einzelfallprüfung zu klären. Als zumutbar wird angesehen, dass die Behörde eine Ortsbesichtigung durchführt, um zumindest von in unmittelbarer räumlicher Entfernung vorhandenen Sendemasten, die womöglich sogar in Sichtweite sind, Kenntnis zu nehmen. In einer derartigen Konstellation muss sich der Behörde die Störungsempfindlichkeit aufdrängen.[402] Hat eine Behörde von vornherein Kenntnis über bestehende Mobilfunksendeanlagen, muss sie diese Kenntnis im Rahmen ihrer Abwägung ebenfalls einbringen. Letztlich besteht im eigenen Interesse der Mobilfunkbetreiber aber eine überwiegende Obliegenheit den Baugenehmigungsbehörden den Verlauf von Richtfunkstrecken von sich aus mitzuteilen.

Eine Windkraftanlage ist nur genehmigungsfähig, wenn sie sowohl dem Rücksichtnahmebegünstigten als auch dem Rücksichtnahmeverpflichteten zumutbar ist.[403] Als Ergebnis der vorzunehmenden Abwägung der nachbarlichen Interessen wird infolge des Konfliktes immer nur entweder die Mobilfunkanlagesendestation oder eine Windkraftanlage genehmigungsfähig sein. Dabei ist immer eine Einzelfallentscheidung erforderlich. Die jeweilige Genehmigungsverweigerung ist letztlich ein Ausdruck der durch Art. 14 Abs. 1 Satz 2 GG verfassungsrechtlich abgesicherten, einfachgesetzlichen Grenzen des Eigentums.[404] Bei einer bereits errichteten Sendestation geht die Pflicht zur Rücksichtnahme wohl zu

---

[400] Stüer/Vildomec, BauR 1998, 427 ff., 439.
[401] Stelkens/Bonk/Sachs, VwVfG, Stelkens/Kallerhoff, § 24, Rdnr. 66.
[402] Stelkens/Bonk/Sachs, VwVfG, Stelkens/Kallerhoff, § 24, Rdnr. 26.
[403] Buchholz/Klindt, S. 660 ff., 661.
[404] Buchholz/Klindt, S. 660 ff., 662.

Lasten der beabsichtigten Windkraftanlage.[405] Die selbe Problematik stellt sich bei der militärischen Radarfassung.[406]

2. Andere Windenergieanlagenbetreiber

Wie die Abstände von Windenergieanlagen zu anderen baulichen Anlagen können sich auch die Abstände von verschiedenen Windenergieanlagen untereinander aus dem Gebot der gegenseitigen Rücksichtnahme ergeben. Der Betreiber einer Windenergieanlage in einer für die Nutzung von Windenergie ausgewiesenen Konzentrationszone muss allerdings damit rechnen, dass ihm durch die Aufstellung weiterer Windenergieanlagen nicht nur Wind genommen wird sondern der vorhandene Wind auch in seiner Qualität verändert wird.[407] Insbesondere hat es der Nachbar, der sich seine Bauwünsche erfüllt hat, nicht in der Hand, durch die Art und Weise seiner Bauausführung auf die Bebaubarkeit anderer Grundstücke Einfluss zu nehmen. Denn die Baugenehmigung schafft keine Grundlage dafür, weitere Vorhaben mit dem Argument abzuwehren, für das eigene Baukonzept sei von ausschlaggebender Bedeutung gewesen, dass der Eigentümer des angrenzenden Grundstücks die Nutzungsmöglichkeiten seines Grundstücks nicht voll ausschöpfe.[408]

3. Sonstige nachbarrechtlich Betroffene

Andere als die bereits angesprochenen Gruppen können durch die Errichtung von Windenergieanlagen insbesondere aus den sich aus nachbarrechtlichen und immissionsschutzrechtlichen Vorschriften ergebenden Aspekten betroffen sein. Windenergieanlagen fallen nach § 2 Abs. 1 Nr. 1 BImSchG in den Anwendungsbereich des Bundesimmissionsschutzgesetzes, da es sich um ortsfeste Einrichtungen im Sinne des § 3 Abs. 5 Nr. 1 BImSchG handelt. Windenergieanlagen, die keiner Genehmigung nach dem Bundesimmissionsschutzgesetz bedürfen, sind nach § 22 Abs. 1 Satz 1 BImSchG so zu errichten und zu betreiben, dass zum einen schädliche Umwelteinwirkungen, die nach dem Stand der Technik vermieden werden können, verhindert werden und zum anderen nach dem Stand der Technik unvermeidbare schädliche Umwelteinwirkungen auf eine Mindestmaß beschränkt werden.

---

[405] Buchholz/Klindt, S. 660 ff., 661.
[406] OVG Münster, Beschl. v. 19.2.01, BWV 2001, 226 ff.
[407] OVG Münster, Beschl. v. 24.1.2000, NVwZ 2000, 1064 ff.; OVG Münster, Beschl. v. 1.2.2000, BRS 63 Nr. 150 (2000); OVG NRW, Beschl. v. 9.7.2003, UPR 2004, 39.
[408] BVerwG, Beschl., NVwZ-RR 1997, 516.

Als aus dem Betrieb von Windenergieanlagen resultierende schädliche Umwelteinwirkung ist insbesondere die Lärmbelastung anzusprechen. Zur Regelung dieser Problematik ist die technische Anleitung TA-Lärm heranzuziehen, in der auch die Immissionsrichtwerte festgelegt sind.[409] Problematisch ist insoweit, dass Windenergienanlagen meist im Außenbereich errichtet werden, der Regelungsbereich der TA-Lärm in Nr. 6.1 sich aber auf Gebietskategorien der Baunutzungsverordnung und somit den Innenbereich beschränkt. Nach der Rechtsprechung darf auch im Außenbereich die Wohnnutzung nicht unzumutbar beeinträchtigt werden. Allerdings gilt die Schwelle zur Unzumutbarkeit noch nicht als überschritten, wenn die Richtwerte nicht eingehalten werden, die nach der TA-Lärm für reine Wohngebiete gelten: Für Wohngebäude im Außenbereich ist der Schutzmaßstab herabzusetzen. Im Außenbereich sind nach der Rechtsprechung aus diesen Gründen allenfalls die für ein Mischgebiet in der TA-Lärm festgelegten Werte anzusetzen. Dies bedeutet einen Beurteilungspegel von 60 dB (A) tagsüber und 45 dB (A) nachts.[410] Da diese Lärmgrenzwerte beim Betrieb von Windenergieanlagen auch bei Ausnutzung der derzeitigen technischen Möglichkeiten nicht eingehalten werden können, muss zur Einhaltung der Lärmgrenzwerte auf die Abstandsflächenregelung zurückgegriffen werden. Teilweise wurden diese Abstände in Windenergieerlassen festgelegt.[411] Nach der Rechtsprechung ist eine derartige pauschale Festlegung von einzuhaltenden Abständen jedoch nicht zulässig. Denn aufgrund der jeweiligen Besonderheiten des Einzelfalles, in dem neben der Art der Windenergieanlage auch die Beschaffenheit des Geländes sowie die jeweiligen Windstärken heranzuziehen sind, hat letztlich eine Prüfung im Einzelfall stattzufinden.[412]

Neben der dargestellten Lärmbelastung sind Nachbargrundstücke auch durch den Schattenwurf von Windkraftanlagen, dem so genannten Disco-Effekt, berührt. Der Schattenwurf stellt als „ähnliche Umwelteinwirkung" eine Emission im Sinne des § 3 Abs. 1 BImSchG dar. Eine ausdrückliche Regelung dieser Problematik durch den Gesetzgeber ist nicht vorhanden. Schattenwurf, Lichtreflexe und optische Einwirkungen auf die Nachbargrundstücke sind, im Gegensatz zur Aussichtslage des Nachbargrundstücks oder einer potentiellen Verkehrswertminderung desselben, abwägungserhebliche Privatbelange.[413] Die Drehbewegungen der Rotoren können auf die Umgebung optische Wirkungen haben, die sich von dem Anblick von Gebäuden oder sonstigen baulichen Anlagen qualitativ unterscheiden. Die daraus resultierende Sichtbelastung ist jedenfalls dann

---

[409] OVG Münster, Urt. v. 18.11.2002, ZNER 2003, 55 ff.
[410] OVG Münster, Urt. v. 18.11.2002, ZNER 2003, 55 ff.
[411] So im Windenergieerlass NRW v. 29.11.1996, Ziff. III, 2.4; Windenergieerlass Ns v. 11.07.1996.
[412] OVG Münster, Beschluss v. 09.09.1998-7 B 1591/98.
[413] BVerwG, NVwZ 1995, 895.

abwägungserheblich, wenn Anlagen von einem nachbarlichen Wohngrundstück aus sichtbar sind und aufgrund der konkreten Entfernung sowie der topographischen Verhältnisse nicht nur als untergeordneter Bestandteil des Blickfeldes auftreten.[414] Mit in die Abwägung einfließen können insbesondere auch der Charakter der betroffenen Landschaft sowie eine Vorbelastung durch wahrnehmbare Infrastruktureinrichtungen.[415] Die Rechtsprechung hat die durch die Rotorbewegungen auf angrenzende Nachbargrundstücke auftreffenden Lichtreflexionen als zumutbar bewertet, wenn festgesetzt ist, dass Benutzer von Wohn- und Büroräumen nicht länger als 30 Minuten pro Tag und insgesamt maximal 30 Stunden pro Jahr durch Schattenwurf beeinträchtigt werden.[416] Ob diese Werte absolut gelten sollen, oder im Hinblick auf die mit wachsender Entfernung abnehmende Intensität des Schattens eine Verminderung bei Überschreitung bestimmter Abstände erlauben, ist durch die Rechtsprechung nicht abschließend geklärt.[417] Eine Begrenzung des Schattenwurfs einer Windenergieanlage auf die Nachbargrundstücke in diesem Maße kann entweder durch eine Standortverschiebung oder durch Auflagen in der Baugenehmigung erreicht werden. Als solche kommen insbesondere eine Drehzahlbegrenzung, automatische Abschaltung der Windenergieanlage, resorbierende Farbgestaltung der Rotorblätter und ein ausreichender Abstand der Windenergieanlage zur Wohnbebauung in Betracht, da die Intensität des Schattens mit zunehmendem Abstand zur Wohnbebauung abnimmt. Die Ermittlung der insoweit einzuhaltenden Abstände wird durch Gutachten mittels der statistischen Wahrscheinlichkeit potentiell ermittelt.

Die Problematik des Eisabwurfs tritt nicht nur bei Windenergieanlagen auf sondern besteht auch bei anderen höheren Einrichtungen, wie z.B. Sendetürmen. Die dadurch entstehende Gefahr ist bei Windenergieanlagen lediglich durch die Rotorbewegung verstärkt. Dennoch spielt dieses Problem nur mehr eine geringe Rolle, da moderne Windenergieanlagen über eine Abschaltautomatik, die bei Eisansatz sofort aktiviert wird und/ oder beheizbare Rotorblätter verfügen.[418] In der Rechtsprechung wird deshalb vertreten, dass die Gefahr des Eisabwurfs so selten ist, dass sie einem unabwendbaren Ereignis in der Natur gleichsteht, gegen das man sich nicht schützen kann und das deswegen Auflagen entbehrlich macht.[419]

---

[414] OVG Rheinland-Pfalz, BauR 2002, 1205 ff., 1206.
[415] OVG Rheinland-Pfalz, BauR 2002, 1205 ff., 1207.
[416] OVG Münster, NVwZ 1999, 1360 ff.; OVG Münster, NVwZ 1998, 980 ff., 882.
[417] OVG Rheinland-Pfalz, BauR 2002, 1205 ff.
[418] Rayermann/Loibl, Loibl, S. 294, Rdnr. 17.
[419] Zum Beispiel: VG Augsburg, Urt. v. 14.2.01, Az.: Au 4 K 00.310 und 01.122.

IV. Weitere Aspekte und Genehmigungserfordernisse

1. Genehmigungserfordernis nach dem EnWG

Der Gesetzgeber des EnWG vom 24.04.1998 hat im Zuge des Deregulierungsziels eine restriktive Handhabung staatsaufsichtlicher Eingriffsbefugnisse beabsichtigt.[420] Dadurch sollte insbesondere sowohl ein brancheninterner Wettbewerb eröffnet werden, als auch ein Anreiz für Innovationen geschaffen werden sollte.[421] Einer Genehmigung nach § 3 EnWG bedürfen nur Unternehmen, die erstmalig die Energieversorgung anderer aufnehmen. Dabei bestimmt § 3 Abs. 1 Satz 2 EnWG Ausnahmen von der Genehmigungspflicht. Nach § 3 Abs. 1 Satz 2 Nr. 1 EnWG ist die bloße Einspeisung in das Netz eines Energieversorgungsunternehmens genehmigungsfrei. Windkraftanlagenbetreiber bedürfen somit aufgrund § 3 Abs. 1 Satz 2 Nr. 1 EnWG nicht selbst einer Genehmigung nach dem Energiewirtschaftsgesetz.

2. UVP-Pflicht

Wie dargestellt, sind Windfarmen aufgrund der erfolgten Änderungen im Umweltverträglichkeitsgesetz nunmehr UVP-pflichtig. Während die Errichtung von ein bis zwei Windenergieanlagen nicht der Pflicht zur Umweltverträglichkeitsprüfung unterliegt, ist ab 20 Anlagen die Durchführung einer Umweltverträglichkeitsprüfung zwingend vorgeschrieben. Bei Windparks mit einer Größe von 6 bis 19 Anlagen ist eine Umweltverträglichkeitsprüfung nur erforderlich, wenn eine sogenannte „allgemeine Vorprüfung" des Einzelfalls dies ergibt. Die Vorprüfung nach §§ 3a, 3c wurde eingeführt, um die UVP-Pflichtigkeit von Vorhaben nach Anhang II der UVP-Änderungsrichtlinie im Einzelfall feststellen zu können.

Sofern es lediglich um eine einzelne privilegierte Anlage im Außenbereich geht, kann das Screening entfallen, wenn keine Auswirkungen auf besonders geschützte Gebiete, zum Beispiel ausgewiesene Naturschutzgebiete, FFH-Gebiete oder EU-Vogelschutzgebiete, zu erwarten sind. Bei weniger als 10 Windenergieanlagen bzw. 15 Megawatt kann bei einem Standort innerhalb einer Konzentrationszone davon ausgegangen werden, dass die wesentlichen Gesichtspunkte des Screenings im Flächennutzungsplanverfahren bereits berücksichtigt wurden, so dass dies für die Entscheidung ob eine Umweltverträglichkeitsprüfung erforderlich ist, als Grundlage herangezogen werden kann.

---

[420] BT-Drs. 13/7274, S. 10.
[421] Rayermann/Loibl, Loibl, Koitek, S. 164, Rdnr. 1.

3. Genehmigung nach dem Bundesimmissionsschutzgesetz

Mit Inkrafttreten des Gesetzes zur Umsetzung der UVP-Änderungsrichtlinie, der IVU-Richtlinie und weiterer EG-Richtlinien zum Umweltschutz zum 3. August 2001 ist auch das Genehmigungsverfahren hinsichtlich der Errichtung von Windenergieanlagen zum Teil neu bestimmt worden. Wie bereits angesprochen, ist nur mehr bei der Errichtung von einer oder zwei Windkraftanlagen das normale Baugenehmigungsverfahren durchzuführen. Hingegen ist die Errichtung von mehr als zwei Windenergieanlagen nach dem Bundesimmissionsschutzgesetz zu genehmigen (§ 4 Abs. 1 BImSchG i.V.m. Anhang 4. BImSchV Spalte 1 und 2 Nr. 1.6). Fraglich ist, ob auch eine immissionsschutzrechtliche Genehmigung erforderlich ist, wenn eine Windenergieanlage zu bereits zwei vorhandenen Windenergieanlagen hinzukommen soll, oder wenn drei voneinander unabhängige Vorhabensträger jeweils eine Anlage am selben Ort errichten wollen. Grundsätzlich ist jede einzelne Windenergieanlage eine Anlage im Sinne des § 3 Nr. 5 BImSchG, mit der Folge, dass eigentlich jede Anlage für sich zu bewerten wäre. Nach § 1 Abs. 3 4. BImSchV können jedoch mehrere Windkraftanlagen als sogenannte „gemeinsame Anlage" angesehen werden, soweit sie in einem engen räumlichen und betrieblichen Zusammenhang stehen. Ein betrieblicher Zusammenhang ist anzunehmen, wenn derselbe Betreiber mehrere Windenergieanlagen in engem räumlichen Zusammenhang mit anderen, eigenen Windkraftanlagen errichten möchte.[422] Für diesen Fall ist somit eine immissionsschutzrechtliche Genehmigung erforderlich. Errichtet derselbe Betreiber zunächst nur zwei Windenergieanlagen, benötigt er für diese eine Baugenehmigung, für die Errichtung jeder weiteren Windenergieanlage in engem räumlichen Zusammenhang benötigt er eine immissionsschutzrechtliche Genehmigung. Werden von mehreren verschiedenen Betreibern jeweils bis zu zwei Windenergieanlagen in engem räumlichen Zusammenhang errichtet, benötigt dennoch jeder Bauherr nur eine Baugenehmigung pro Anlage.[423]

Ursächlich für das Erfordernis einer immissionsschutzrechtlichen Genehmigung bei mehr als zwei Anlagen ist, dass die Umweltverträglichkeitsprüfung eine Öffentlichkeitsbeteiligung erfordert. Eine solche wäre bei dem bisher erforderlichen Baugenehmigungsverfahren nicht gewährleistet, während das Bundesimmissionsschutzgesetzverfahren die Öffentlichkeitsbeteiligung vorsieht. Daraus ergibt sich für die Zukunft folgende Vorgehensweise:

Das vollständige Verfahren nach § 10 BImSchG mit Öffentlichkeitsbeteiligung findet statt, wenn sechs oder mehr Windkraftanlagen errichtet werden sollen (Anh. 4. BImSchV, Spalte 1, Nr. 1.6). Das vereinfachte Verfahren nach

---

[422] Rayermann/Loibl (Hrsg.), Loibl, S. 285, Rdnr. 4.
[423] Rayermann/Loibl (Hrsg.), Loibl, S. 286, Rdnr. 4.

§ 19 BImSchG ohne Beteiligung der Öffentlichkeit findet statt, wenn zwischen drei und fünf Anlagen errichtet werden sollen (Anh. 4. BImSchV, Spalte 2, Nr. 1.6) und eine Umweltverträglichkeitsprüfung im Einzelfall nicht erforderlich ist. Hat hingegen eine Umweltverträglichkeitsprüfung stattzufinden, so ist auch bei der Errichtung von drei bis fünf Anlagen die Durchführung des förmlichen Verfahrens nach dem Bundesimmissionsschutzgesetz erforderlich. Genehmigungsanträge für die Errichtung von bis zu zwei Anlagen unterfallen weiterhin der Zuständigkeit der Bauaufsichtsbehörde und bestimmen sich deshalb nach den einschlägigen Landesbauordnungen.

Ist die Genehmigung nach dem Bundesimmissionsschutzgesetz erforderlich, so wird sie nur erteilt, wenn durch die geplanten Windenergieanlagen oder durch die geplante Windenergiefarm nach § 5 BImSchG keine schädlichen Umwelteinwirkungen und sonstige Gefahren, erhebliche Nachteile und erhebliche Belästigungen für die Allgemeinheit und für die Nachbarschaft hervorgerufen werden. Nach § 6 BImSchG dürfen der Errichtung und dem Betrieb des Vorhabens zudem andere öffentlich-rechtliche Vorschriften und Belange des Arbeitsschutzes nicht entgegenstehen.

4. Naturschutzrechtliche Bestimmungen

Die bauplanungsrechtlichen und die naturschutzrechtlichen Zulassungsvoraussetzungen sind unabhängig voneinander zu prüfen.[424] Naturschutzrechtliche Bestimmungen haben in zweierlei Hinsicht Einfluss auf die Errichtung und den Betrieb von Windenergieanlagen: Zum einen geht es dabei um die Anwendung der naturschutzrechtlichen Eingriffsregelung, zum anderen geht es um die Frage, inwieweit Windenergieanlagen in naturschutzrechtlichen Bereichen, das heißt in Naturschutz- oder Landschaftsschutzgebieten errichtet werden dürfen.

Nach der Rechtsprechung bleibt für Vorhaben im Außenbereich die Geltung der Vorschriften über die Eingriffsregelung unberührt.[425] Folge ist, dass neben der bauplanungsrechtlichen Prüfung eine naturschutzrechtliche Prüfung am Maßstab der naturschutzrechtlichen Eingriffsregelung erfolgen muss. Bauplanungsrechtliche und naturschutzrechtliche Anforderungen stehen unabhängig nebeneinander. Dementsprechend ist es möglich, dass eine nach § 35 Abs. 1 BauGB privilegierte Windenergieanlage an der naturschutzrechtlichen Eingriffsregelung scheitert oder nur mit Auflagen genehmigungsfähig ist.[426] Die naturschutzrechtliche Eingriffsregelung gebietet, vermeidbare Beeinträchtigungen von Natur und

---

[424] BVerwG, Urt. v. 13.12.2001, ZfBR 2002, 360 f.
[425] BVerwG, Urt. v. 13.12.2001, ZfBR 2002, 360 f., 360.
[426] Gassner, BNatSchG, § 8 a Rdnr. 48; BVerwG, Urt. v. 13.12.2001, ZfBR 2002, 360 f.

Landschaft zu vermeiden und unvermeidbare Beeinträchtigungen nach Möglichkeit auszugleichen, § 19 Abs. 1 und 2 BNatSchG in Verbindung mit dem jeweiligen Landesgesetz.[427] In der Rechtsprechung besteht Einigkeit darüber, dass die Errichtung einer Windkraftanlage in der Regel einen nicht vermeidbaren und auch nicht ausgleichbaren Eingriff im Sinne des § 8 BNatSchG a. F. in die Natur und Landschaft darstellt.[428] Es ist davon auszugehen, dass diese Rechtsprechung auch hinsichtlich der inhaltlich sehr ähnlichen Neuregelung in § 19 BNatSchG angewendet wird. Nach § 19 Abs. 3 BNatSchG ist ein derartiger nicht vermeidbarer und nicht ausgleichbarer Eingriff zu untersagen, wenn die Belange des Naturschutzes und der Landschaftspflege bei der Abwägung aller Anforderungen an Natur und Landschaft im Range vorgehen. Es ist nach § 19 Abs. 3 BNatSchG, beziehungsweise den entsprechenden landesrechtlichen Bestimmungen, eine umfassende Abwägung vorzunehmen.

Beeinträchtigt eine Windenergieanlage erheblich und nachhaltig das Landschaftsbild, so braucht eine Schutzverordnung diesen Nachteil nicht deshalb als ausgeglichen zu behandeln, weil die Anlage zum Schutz des Klimas beiträgt und die natürlichen Ressourcen schont.[429] Fällt die Abwägungsentscheidung des § 19 Abs. 3 BNatSchG zugunsten der Errichtung einer Windkraftanlage aus, bestimmt § 19 Abs. 4 BNatSchG in Verbindung mit dem jeweiligen Landesnaturschutzgesetz, dass die zuständigen Behörden sogenannte Ersatzmaßnahmen beziehungsweise Ersatzzahlungen[430] anordnen können. Hierdurch soll die gestörte Funktion des Naturhaushalts beziehungsweise der Wert des Landschaftsbildes möglichst gleichartig „ersetzt" werden.

5. Verkehrsrecht

Neben den dargestellten Bereichen sind bei der Errichtung von Windenergieanlagen auch die Bestimmungen des Straßen- und Luftverkehrsrechts zu beachten. So sind zu Straßen bestimmte Abstände einzuhalten: Nach § 9 Abs. 1 Nr. 1 FStrG besteht ein Anbauverbot für Hochbauten, zu denen auch Windener-

---

[427] für Bayern: Art. 6 a BayNatSchG.
[428] VGH Mannheim, Urt. v. 20.04.00, 8 S 318/00.
[429] VGH München, Urt. v. 25.03.1996, NVwZ 1997, 1010 ff., 1010.
[430] Die Höhe der Ersatzzahlung bestimmt sich in der Regel nach den Gesamtkosten der unterbliebenen Ersatzmaßnahme. Häufig erfolgt die Bestimmung der Höhe der Ersatzzahlung anhand der Baukosten, so z. B. in BW. Zu beachten ist, dass bei WEA regelmäßig nur der Eingriff in das Landschaftsbild einen Ausgleich bzw. Ersatz verursacht; bei der Ermittlung der Baukosten sind somit nur die nach außen sichtbaren Teile anzusetzen, nicht das Innenleben, wie etwa der Generator. Von den auf diese Weise ermittelten Baukosten werden ca. 1 bis 5 % als Ersatzzahlung oder Ausgleichsabgabe festgesetzt. Hierzu in: Rayermann/Loibl, Loibl, S. 297, Rdnr. 20.

gieanlagen gehören, von bis zu 40 m bei Bundesautobahnen. Eine Anbaubeschränkung für Hochbauten kann bei Autobahnen gemäß § 9 Abs. 2 FStrG bis zu 100 m bestehen. Bei Bundesstraßen besteht nach § 9 Abs. 1 Nr. 1 FStrG ein Anbauverbot von bis zu 20 m. Im Einzelfall sind Ausnahmen nach § 9 Abs. 8 FStrG zulässig. Ähnliche Regelungen finden sich in den jeweiligen Straßen- und Wegegesetz der Länder.

Beschränkungen bestehen auch nach dem Luftverkehrsrecht: Die §§ 12 bis 18 a LuftVG[431] enthalten Baubeschränkungen für Windkraftanlagen. Nach § 14 Abs. 1 LuftVG bedarf die Erteilung der Baugenehmigung der Zustimmung durch die Luftfahrtbehörden, wenn die bauliche Anlage eine Höhe von über 100 m erreicht. Ebenso finden besondere luftverkehrsrechtliche Regelungen bei der Errichtung einer Windenergieanlage im Umgebungsbereich eines Flughafens Anwendung: Im Bauschutzbereich von Flugplätzen darf die Baugenehmigung nur mit Zustimmung der Luftfahrtbehörde erteilt werden, §§ 12 Abs. 4, 18 a LuftVG. Demnach ist die Zustimmung dann erforderlich, wenn die zu errichtende Windkraftanlage näher als 6 km außerhalb der Anflugsektoren oder näher als 15 km innerhalb der Anflugsektoren des Flughafens errichtet werden soll.

Nach § 31 Abs. 1 Nr. 2 WaStrG ist für die Errichtung einer Windenergieanlage eine schifffahrtspolizeiliche Genehmigung erforderlich, wenn die am Ufer einer Bundeswasserstraße zu errichtende Anlage eine Beeinträchtigung des für die Schifffahrt erforderlichen Zustandes der Bundeswasserstraße oder der Sicherheit und Leichtigkeit des Verkehrs erwarten lässt. Nach § 31 Abs. 2 Satz 1 WaStrG ist eine Windenergieanlage am Ufer der Bundeswasserstraße dem Wasser- und Schifffahrtsamt anzuzeigen.

---

[431] Vom 1.08.1922, RGBl. 1922 I, S. 681, in der Fassung der Bekanntmachung v. 14.01.1981, BGBl. 1981 I, S. 61, zuletzt geändert durch Begleitgesetz des Telekommunikationsgesetzes v. 17.12.1997, BGBl. 1997 I, S. 3108, 3119.

E. Offshore-Windenergieanlagen

I. Derzeitiger Stand und Nutzung

Aufgrund der dargelegten Probleme bei der Standortfindung auf dem Festland ist bereits abzusehen, dass die jährlich neu installierte Zahl von Windenergieanlagen an Land in wenigen Jahren abnehmen wird. Der Einstieg in die Offshore-Windenergienutzung gewinnt deswegen in den EU-Mitgliedsstaaten zunehmend an Bedeutung. Aus diesem Grund ist eine großflächige Errichtung von Offshore-Windparks in den nächsten Jahren und Jahrzehnten europaweit zu erwarten.

Vor dem Hintergrund der Verpflichtung zur CO2-Reduktion im Rahmen des Kyoto-Protokolls kommt dem Ausbau der Offshore-Windenergienutzung auch in der Bundesrepublik Deutschland eine bedeutende Rolle zu. Die EU-Richtlinie zur „Förderung der Stromerzeugung aus erneuerbaren Energiequellen im Elektrizitätsbinnenmarkt" sieht eine Erhöhung des Anteils von Strom aus erneuerbaren Energien am Bruttostromverbrauch der EU von durchschnittlich 14 Prozent im Jahr 1997 auf etwa 22 Prozent im Jahr 2010 vor. Dieses Ziel ist nur bei einem forcierten Ausbau der Offshore-Windenergie zu erreichen. In Deutschland wurden Windkraftanlagen bis 1997 nur auf dem Festland installiert. Es bieten sich jedoch küstennahe Bereiche in Nord- und Ostsee zur Errichtung von Windenergieanlagen an. Offshore ist bis zum Jahr 2030 insgesamt die Installation einer Leistung von 20.000 bis 25.000 MW möglich.[432]

Um die Rahmenbedingungen für die Erschließung von für die Windenergienutzung geeigneten Flächen auf See zu schaffen, hat die Bundesregierung eine Strategie zur Nutzung der Windenergie auf See erarbeitet.[433] Zudem wurde mit dem Energieeinspeisungsgesetz vom 1.4.00 eine Rechtsgrundlage geschaffen, die sowohl die Abnahme als auch die Vergütung des offshore erzeugten Stroms bis in die Gebiete der ausschließlichen Deutschen Wirtschaftszone (AWZ) regelt und finanziell interessant macht.[434]

Für die Errichtung von Offshore-Windenergieanlagen spricht vor allem die höhere mittlere Windgeschwindigkeit auf See, wodurch auch auf kleineren Flächen mehr Energie gewonnen werden kann als auf dem Festland.[435] Pro Quadratmeter von den Windblättern überstrichener Fläche könnte offshore gegenüber der Ausbeute auf dem Festland um bis zu einem Faktor 4 mehr Energie gewonnen

---

[432] Hinsch, Klares Bekenntnis fehlt, Neue Energie, Juli 2001; Dreher, ZNER 2003, 127 f., 127; Koch/Wiesenthal, ZUR 2003, 350 ff., 350.
[433] Text der Strategie: www.bmu.de/download/dateien/windenergiestrategie-br.020100.
[434] Brandt/Reshöft/Steiner, § 7, Rdnr. 23.
[435] Heinloth, Die Energiefrage, Kapitel 7, S. 292; Koch/Wiesenthal, ZUR 2003, 350 ff., 350.

werden.[436] Während moderne Windenergieanlagen auf dem Festland durchschnittlich eine Leistung von 1,5 MW haben, bringen Offshore-Anlagen eine Nennleistung von jeweils drei bis fünf MW.[437] Trotz der mit der Errichtung von Offshore-Windenergieanlagen verbundenen höheren Investitionskosten wäre die Offshore-Nutzung der Windenergie dadurch wirtschaftlich rentabler als die Windenergienutzung auf dem Festland.

Problematisch sind bisher noch teilweise ungeklärte Fragen zu den technischen Anforderungen an Aufstellung, Betrieb, Wartung und Reparatur, sowie die Frage der Netzanbindung.[438] Zudem geht auch die Errichtung von Offshore-Anlagen mit einer Vielzahl potentieller Konflikte, insbesondere einer Beeinträchtigung der Meeresumwelt einher.[439] Der derzeitige diesbezügliche Forschungsstand ist unzureichend. Die Bundesregierung hat aus diesem Grund eine umfangreiche ökologische Begleitforschung initiiert.[440] Das Bundesamt für Naturschutz hat den Schutzgüterbestand in der deutschen Nord- und Ostsee erhoben. Darauf basierend hat es die Ausweisung mariner Natura-2000-Gebiet vorgeschlagen und potenzielle Eignungsgebiete bezeichnet. Als potentielle Eignungsgebiete für Offshore-Windparks werden Flächen bezeichnet, bei denen unter Beteiligung aller betroffenen Ressorts die Datenlage mit dem Ziel geprüft wird, die Qualifikation dieser Flächen als besondere Eignungsgebiete im Sinne des § 3 a SeeAnlV festzustellen.[441]

Zur raschen Herstellung der Rechts- und Planungssicherheit wurden die §§ 38 BNatSchG, 2a, 3, 3a, 5 Abs. 1 SeeAnlV neu geschaffen: Neben der raschen Umsetzung des europäischen Rechts durch die Ausweisung von Schutzgebieten nach der FFH- und der Vogelschutzrichtlinie nach § 38 BNatSchG ist erforderlich, dass weitere besondere Eignungsgebiete in der AWZ gemäß § 3a SeeAnlV festgelegt werden, um die nötige Rechtssicherheit für den raschen Ausbau der Offshore-Anlagen zu schaffen. Der Zweck der Ausweisung von Eignungsgebieten und damit auch der Vorteil der Ausweisung solcher Gebiete liegt darin, eine Steuerungsmöglichkeit zu schaffen, die eine strukturierte planerische Entwicklung in der AWZ Deutschlands beschleunigt ermöglicht.[442] Die Festlegung eines besonderen Eignungsgebiets ist nur zulässig, wenn innerhalb des Gebietes der Wahl von Standorten für die Windenergienutzung keine Versa-

---

[436] Heinloth, Die Energiefrage, Kapitel 7, S. 292.
[437] http://www.wind-energie.de/aktuelles-und-aktivitaeten/presse/2001-11-19-pm.htm.
[438] http://www.loy-energie.de/download/DEWI-Stud%20Teil%202%202002-11-30.pdf; zu rechtl. Problemen der Netzanbindung: Wolf, ZUR 2004, 65 ff.
[439] Ausführlich dazu: Koch/Wiesenthal, ZUR 2003, 350 ff.
[440] Koch/Wiesenthal, ZUR 2003, 350 ff., 350.
[441] Windenergienutzung auf See, Umwelt 2002, 206 ff., 209.
[442] BT-Drs. 14/7490 Anl. 1, S. 87 (Änderungsantrag 73); Strategiepapier der Bundesregierung, S. 11.

gungsgründe nach § 3 SeeAnlV und keine marinen Schutzgebietsausweisungen nach § 38 BNatSchG entgegenstehen.[443] Hinsichtlich § 3 SeeAnlV kommt als Versagungsgrund vor allem § 3 Nr. 2 SeeAnlV, nach dem Eignungsgebiete für Windenergieanlagen nur abseits von Gebieten, die einer intensiven Nutzung durch Schiff- oder Luftfahrt unterliegen, festgesetzt werden dürfen, sowie § 3 Nr. 4 SeeAnlV, der die Gefährdung des Vogelzugs regelt, in Betracht.

§ 38 Abs. 1 Nr. 5 BNatSchG nimmt Bezug auf Offshore-Windparks. Nach dieser Vorschrift sind Beschränkungen bei der Energieerzeugung aus Wind nur nach § 34 BNatSchG zulässig. Gemäß § 34 BNatSchG sind Projekte, welche Natura-2000-Gebiete erheblich beeinträchtigen, grundsätzlich unzulässig. Als Natura-2000 Gebiete kommen insbesondere auszuweisende Meeresschutzgebiete in Betracht. Zwar nennt § 34 BNatSchG für diese Gebiete die an Art. 6 Abs. 4 FFH-RL angelehnten Ausnahmegründe. Da eine Ausnahmegenehmigung für ein Vorhaben in einem Natura-2000-Gebiet nach § 34 Abs. 2 BNatSchG jedoch voraussetzt, dass es durch das Vorhaben zu erheblichen Beeinträchtigungen der Erhaltungsziele oder des Schutzzwecks maßgeblicher Bestandteile des Schutzgebiets kommt, liegt immer zugleich auch eine Gefährdung der Meeresumwelt nach § 3 Abs. 1 SeeAnlV vor, so dass ein Genehmigungsanspruch ohnehin ausgeschlossen ist.[444]

Die Ausweisung besonderer Eignungsgebiete bringt den Projektbetreibern den Anreiz des vereinfachten Genehmigungsverfahrens; Dadurch soll eine Konzentration der Anlagen in den besonderen Eignungsgebieten erreicht werden. Auch außerhalb der besonderen Eignungsgebiete ist aber eine Errichtung und Nutzung von Offshore-Windenergieanlagen nicht ausgeschlossen. Dadurch unterscheiden sich die besonderen Eignungsgebiete auf See von den Eignungsgebieten auf dem Festland, denen außergebietlich eine Ausschlusswirkung zugesprochen wird. Die Festlegung eines besonderen Eignungsgebietes auf See hat hinsichtlich der Wahl des Standortes lediglich die Wirkung eines Sachverständigengutachtens. Gegen eine weitergehende Bedeutung der besonderen Eignungsgebiete sprechen letztlich europarechtliche Erwägungen, weil der notwendigen Umweltverträglichkeitsprüfung anderenfalls nicht mehr die gewünschte Warnfunktion zukommen würde.[445]

---

[443] Reshöft/Dreher, ZNER 2002, 95 ff., 99.
[444] Reshöft/Dreher, ZNER 2002, 95 ff., 99.
[445] Reshöft/Dreher, ZNER 2002, 95 ff., 99.

II. Rechtlicher Rahmen

In rechtlicher Hinsicht werden bei der Erschließung von Flächen für Offshore-Windenergieanlagen sowie bei der Errichtung und Nutzung von Offshore-Windenergieanlagen mehrere Regelungskreise berührt: So stellen sich im Hinblick auf die Nutzung des Festlandsockels internationale, seerechtliche Fragen. Daneben gibt es auch bei der Errichtung von Offshore-Anlagen planungs- und genehmigungsrechtliche Aspekte zu klären.[446]

Die Errichtung der Windenergieanlagen soll nahezu ausschließlich in der Ausschließlichen Wirtschaftszone (AWZ) erfolgen.[447] Die AWZ ist das Gebiet, das sich seewärts der 12-Seemeilen-Grenze[448] an das Küstenmeer anschließt. Für die BRD ist der Bereich der AWZ mit dem Gebiet des Festlandsockels identisch. Der Festlandsockel ist der seewärts des Küstenmeeres gelegene Meeresboden und Meeresuntergrund der Unterwassergebiete bis zu einer Ausdehnung von maximal 200 Seemeilen.[449] In der AWZ gelten die besonderen Regelungen der Seeanlagenverordnung (SeeAnlV).

Innerhalb der 12-Seemeilen-Zone stellen sich Zulassungsprobleme nach nationalem Anlagenzulassungs- und Planungsrecht. Beachtung bei Genehmigung und Errichtung von Offshore-Anlagen verlangen als nationale Bestimmungen insbesondere das Immissionsschutz-, Naturschutz-, Wasser-(haushalts-) und das Baurecht.

1. Windenergienutzung in der Ausschließlichen Wirtschaftszone

Seit dem 1. Juli 1995 ist in Deutschland das Ausführungsgesetz zum UN- Seerechtsübereinkommen in Kraft.[450] Art. 1 Abs. 1 dieses Übereinkommens änderte das Seeaufgabengesetz und ermächtigte dadurch den Bundesverkehrsminister, Verordnungen zu erlassen, die die Anlagenzulassung in der Ausschließlichen Wirtschaftszone Deutschlands (AWZ) regeln. Aufgrund dieser Verordnungsermächtigung wurde die Seeanlagenverordnung vom 23.1.1997 erlassen.[451] Für die Errichtung und den Betrieb von Anlagen in der Ausschließlichen Wirtschaftszone Deutschlands gilt nach § 1 Abs. 1 Nr. 1 die Seeanlagenverordnung.

---

[446] Erbguth, RdE 1996, 85 ff., 85; Erbguth/Stollmann, DVBl. 1995, 1270 ff.
[447] Koch/Wiesenthal, ZUR 2003, 350 ff., 353.
[448] 1 Seemeile=1,852 km.
[449] http://www.bsh.de/de/Meeresnutzung/Wirtschaft/Windparks/index.jsp.
[450] BGBl. I 1995, 778 ff.
[451] BGBl. I 1997, S. 57.

a) Genehmigung von Windenergieanlagen in der AWZ

Windkraftanlagen sind Anlagen nach § 1 Abs. 2 Nr. 1 SeeAnlV. Nach § 2 SeeAnlV ist die Errichtung, der Betrieb und die wesentliche Änderung solcher Anlagen durch das Bundesamt für Seeschifffahrt und Hydrographie zu genehmigen, soweit nicht eine Befreiung von der Genehmigungspflicht nach § 10 SeeAnlV gegeben ist. Die Genehmigung ist zu erteilen, wenn nicht Versagungsgründe nach § 3 Satz 1 und Satz 2 SeeAnlV vorliegen. Nach § 3 Satz 1 SeeAnlV ist die Genehmigung eines Windparks zu versagen, wenn die Sicherheit und Leichtigkeit des Verkehrs – insbesondere des Schiffverkehrs[452] - beeinträchtigt, oder die Meeresumwelt gefährdet wird. Dies gilt allerdings nur, wenn die Gefährdung nicht durch Nebenbestimmungen verhütet oder ausgeglichen werden kann. Eine derartige Beeinträchtigung ist nach Satz 2 der Vorschrift insbesondere dann gegeben, wenn „der Betrieb oder die Wirkung von Schifffahrtsanlagen und –zeichen,", „die Benutzung der Schifffahrtswege oder des Luftraumes oder die Schifffahrt beeinträchtigt würden," „eine Verschmutzung der Meeresumwelt im Sinne des Art. 1 Abs. 1 Nr. 4 des Seerechtsübereinkommens der Vereinten Nationen vom 10 Dezember 1982"[453] zu besorgen ist oder „der Vogelzug gefährdet wird".

Der Begriff der Gefährdung der Meeresumwelt ist unklar. Aufgrund der noch vorhandenen Wissenslücken ist die Frage nach dem Vorliegen von Versagungsgründen im Einzelnen schwierig zu beantworten, was zu einem erheblichen Maß von Rechtsunsicherheit führt.[454]

Liegt keiner der Versagungsgründe nach § 3 Satz 1 und Satz 2 SeeAnlV vor, so darf gemäß § 3 Satz 3 SeeAnlV die Genehmigung nicht versagt werden. Mithin ist die Genehmigung als gebundene Zulassungsentscheidung ausgestaltet. Dem BSH wurde keinerlei Ermessen eingeräumt. Anderweitig berührte Interessen, die nicht zum Bereich der Versagungsgründe nach § 3 SeeAnlV gehören, sind nach § 5 Abs. 3 SeeAnlV zu behandeln und zu erörtern. Sie können aber bei der Entscheidung über die Genehmigung und im Rahmen etwaiger Nebenbestimmungen nur insoweit ausschlaggebend sein, wie die materielle Rechtsposition dies vermittelt.[455]

Nach § 2 a SeeAnlV bedürfen Vorhaben, die genehmigungspflichtig nach § 2 SeeAnlV und zugleich Vorhaben im Sinne des § 3 UVPG sind, einer Umweltverträglichkeitsprüfung. Dies bedeutet, dass bei Windparks mit mindestens

---

[452] Reshöft/Dreher, ZNER 2002, 95 ff., 96.
[453] BGBl. 1994 II S. 1798.
[454] Maier, UPR 2004, 103 ff., 105.
[455] Dahlke, NuR 2002, 472 ff., 474.

20 Anlagen eine Umweltverträglichkeitsprüfung stets durchzuführen ist, bei der Errichtung von 6 bis 20 Anlagen ist eine UVP nur dann durchzuführen, wenn die Vorprüfung ergibt, dass die Anlagen erhebliche nachteilige Auswirkungen auf die Umwelt haben könnten. Hierzu gelten die Ausführungen zur UVP-Pflicht für Onshore-Anlagen entsprechend.

Die Genehmigung nach der Seeanlagenverordnung hat keine Konzentrationswirkung. Für die Verlegung der Kabelleitungen in der AWZ und im Küstenmeer sind gesonderte Genehmigungen erforderlich, deren Darstellung sich im Rahmen dieser Untersuchung erübrigt.[456]

b) Raumordnungsrechtliche Aspekte

Das Raumordnungsgesetz findet keine Anwendung in der AWZ, da es sich lediglich auf den Gesamtraum der Bundesrepublik Deutschland und die Teilräume nach § 1 ROG, folglich auf das Staatsgebiet, zu dem die AWZ nicht gehört, erstreckt. Durch die zunehmenden Nutzungsansprüche an die Meeresflächen erhöht sich jedoch auch für diese Gebiete der Bedarf nach planerischer Gestaltung. Die erforderliche qualifizierte Gesamtplanung ist nur zu erreichen, wenn die Raumordnungsplanung sich auch auf die AWZ erstreckt.

Der Entwurf des Gesetzes zur Anpassung des Baugesetzbuchs an EU-Richtlinien[457] enthält in Art. 2 Änderungen des Raumordnungsgesetzes zur Raumordnung in der AWZ. Die Frage der Gesetzgebungskompetenz hinsichtlich raumordnungsrechtlicher Regelungen in der nicht zum Staatsgebiet der BRD gehörigen AWZ ist umstritten: Dem Bund wurde die Möglichkeit der wirtschaftlichen Nutzung dieses Gebiets lediglich durch internationale Abkommen eingeräumt.[458] Die gesetzliche Kompetenzregelung in den Art. 70 ff. GG findet im Bereich der AWZ somit keine Anwendung. Eine gesonderte gesetzliche Kompetenzregelung für die AWZ existiert nicht. Es besteht jedoch auch kein Anknüpfungspunkt für eine Zuständigkeit der Länder außerhalb ihres jeweiligen Staatsgebiets. Mithin ist von der Kompetenz des Bundes in der AWZ auszugehen.[459]

---

[456] Hierzu ausführlich: Wolf, ZUR 2004, 65 ff.
[457] BR-Drs. 756/03.
[458] Hierzu: Maier, ZUR 2004, 103 ff., 107.
[459] Ebenso: Maier, ZUR 2004, 103 ff.; 107.

2. Rechtliche Grundlagen innerhalb der 12-Seemeilen-Zone

Innerhalb der 12-Seemeilen-Zone ist das Offshore-Pilotprojekt „Darßer Offshore-Windpark" geplant. Insbesondere wegen der Befürchtung von nachteiligen Auswirkungen auf die Tourismusbranche durch die optischen Wirkungen von zu errichtenden Windenergieanlagen in diesem Gebiet hat die Landesregierung Mecklenburg-Vorpommern für dieses Pilotprojekt die Eröffnung eines raumordnungs- und Genehmigungsverfahrens vorgesehen. Geplant ist im Rahmen dieses Pilotprojekts die Errichtung von 21 Windenergieanlagen mit Leistungen zwischen 2 und 5 MW auf einer Fläche von 15 bis 20 km nördlich des Darß. Die Gesamtleistung des Windparks soll 55 MW betragen.[460]

a) Raumordnung und Landesplanung

Nach § 5 Abs. 1 Satz 1 ROG beanspruchen die für die Raumordnung und Landesplanung geltenden Vorschriften auch für Küstengewässer Geltung, da unter das Gebiet eines Landes auch der vom Gewässer überdeckte Teil fällt.[461] Dabei ist zu beachten, dass die Küstengewässer nicht nur Teil des Bundesstaatlichen Gebietes sind, sondern auch dem Staatsgebiet der jeweiligen Bundesländer angehören. Zu folgern ist dies aus dem föderalistischen Prinzip nach Art. 20 Abs. 1 GG in Verbindung mit Art. 23 Satz 1 GG.[462] Somit umfassen die jeweiligen an die Küste angrenzenden Länder bezüglich ihres Gebiets auch das angrenzende Küstengewässer. Daraus ist zu schließen, dass sich die Landesplanung auch auf die Gebiete, die vom Küstengewässer bedeckt sind, erstrecken muss. Da offshore aus Rentabilitätsgründen vor allem die Errichtung von Windparks in Betracht kommt, ist Planungsnotwendigkeit gegeben. Unabhängig von der dargestellten Problematik um die Raumbedeutsamkeit von Windenergieanlagen ist bei Windparks unstreitig eine Raumbedeutsamkeit zu bejahen. Dies ist einerseits mit der Großflächigkeit derartiger Windparks zu begründen, als andererseits auch mit den vielen Belangen, die durch die Errichtung solcher Windparks berührt werden. Somit unterfallen Offshore-Anlagen dem Aufgabenbereich der Raumordnung und Landesplanung.

b) Wasserrechtliche Bestimmungen

Die Errichtung von Offshore-Anlagen im Bereich des Küstengewässers, das heißt, innerhalb der Küstenlinie bei mittlerem Hochwasser oder der seewärtigen

---

[460] http://www.iwr.de/news.php?id=6061.
[461] A.A.: Erbguth/Mahlburg, DÖV 2003, 665 ff., 668, halten eine Erstreckungsklausel für notwendig.
[462] BVerfGE 15, 1 ff., 12; Petersen, Deutsches Küstenrecht, Rdnr. 36.

Begrenzung der oberirdischen Gewässer und der seewärtigen Begrenzung des Küstenmeeres, unterfällt § 1 Abs. 1 Nr. 1 a WHG. Zu klären ist, ob bei der Errichtung von Offshore-Anlagen ein Erlaubnis- oder Bewilligungstatbestand im Sinne von § 2 WHG in Verbindung mit §§ 7 bis 9 WHG gegeben ist. Insbesondere ist dabei fraglich, ob die Errichtung einer Windenergieanlage eine Benutzung eines Gewässers im Sinne eines Einbringens oder Einleitens von Stoffen im Sinne des § 3 Abs. 1 Nr. 4 a WHG darstellt. Ausdrücklich klargestellt wurde dies nur im Badenwürttembergischen Landesrecht,[463] nämlich in § 13 Abs. 1 Nr. 1 WG B-W. Nach dieser Vorschrift ist auch das Herstellen und Betreiben bestimmter Anlagen erlaubnis- und bewilligungspflichtig. Bundesrechtlich ist diese Frage ungeklärt. Von der Rechtsprechung wurde die Frage offen gelassen.[464]

In der Rechtsprechung ist umstritten, ob die Herstellung von ortsfesten Anlagen, wie zum Beispiel auch Windenergieanlagen, als „Einbringen" zu qualifizieren ist. Bei der Auslegung muss von der Zielsetzung des Wasserhaushaltsgesetzes ausgegangen werden.[465] Ziel des Wasserhaushaltsgesetzes ist insbesondere die Vermeidung einer Gefährdung des Gewässers durch Stoffe. Bei Windenergieanlagen kommt diesbezüglich nur die Gefahr in Betracht, dass sich von einer bereits aufgestellten Anlage Stoffe lösen und eine Verbindung mit dem Wasser eingehen. Gerade im Salzwasserbereich ist dies wegen der stärkeren Belastung der Fundamente nicht unwahrscheinlich.[466] Das Wasserhaushaltsrecht setzt nach seinem Wortlaut jedoch ein „Zuführen", mithin eine aktive Tätigkeit, voraus. Dem „Zuführen" muss dabei nach allgemeinen Verständnis ein finaler Charakter zugrunde liegen.[467] Bei der Aufstellung einer Windenergieanlage zur Energieerzeugung liegt eine finale Tätigkeit im Hinblick auf ein Zuführen von Stoffen nicht vor. Eine Gefährdung in diesem Sinn ist somit durch Windenergieanlagen nicht möglich. Somit kann nicht von einem Benutzungstatbestand im Sinne des § 3 Abs. 1 Nr. 4a WHG ausgegangen werden. Auch eine Benutzung im Sinne von § 3 Abs. 2 Nr. 4 a WHG ist bei der Errichtung einer Windenergieanlage zu verneinen, da diese Vorschrift nur für Grundwasser, nicht aber für das Küstengewässer Anwendung findet.

Ein weiterer fraglicher Aspekt im Rahmen wasserrechtlicher Bestimmungen ist, ob für die Errichtung und den Betrieb von Offshore-Windenergieanlagen ein Planfeststellungsverfahren nach § 31 Abs.1 Satz 1 WHG durchzuführen ist. Nach § 31 Abs. 1 Satz 1 WHG bedarf die Herstellung, Beseitigung oder we-

---

[463] Erbguth/Stollmann, DVBl. 1995, 1270 ff., 1272.
[464] BVerwG, RdL 1971, 280 ff., 280.
[465] Erbguth, RdE 1996, 85 ff., 89.
[466] Erbguth, RdE 1996, 85 ff., 89.
[467] Erbguth, RdE 1996, 85 ff., 89.

sentliche Umgestaltung eines Gewässers oder seiner Ufer der vorherigen Durchführung eines Planfeststellungsverfahrens. Entscheidend ist folglich, ob die Errichtung und/oder der Betrieb einer Offshore-Windenergieanlage die Herstellung, Beseitigung oder wesentliche Umgestaltung eines Gewässers oder seiner Ufer bedeutet. Nach herrschender Ansicht findet § 31 WHG jedoch keine Anwendung für Anlagen an oder in Gewässern, wie zum Beispiel Windenergieanlagen, da durch derartige Anlagen ein Gewässer weder umgestaltet noch beseitigt wird.[468]

c) Bauleitplanerische Aspekte

Problematisch ist, ob für Küstengewässer das Bedürfnis nach Aufstellung eines Bauleitplans gegeben ist. Nach § 1 Abs. 3 BauGB haben die Gemeinden eine Planungspflicht, sobald uns soweit es für die städtebauliche Entwicklung und Ordnung erforderlich ist. Dabei ist der inhaltliche Umfang der Bauleitplanungspflicht im Zusammenspiel mit den höherstufigen Planungen, Fachplanungen und spezialgesetzlichen Genehmigungsverfahren zu sehen.[469] Festzuhalten ist, dass es der geordneten Entwicklung im Gemeindegebiet dient, wenn ein Bauleitplan die Flächen für die Aufstellung von Offshore-Windenergieanlagen ausweist.[470]

d) Baugenehmigungsrechtliche Anforderungen

Ist der Küstenbereich unbeplant, handelt es sich um ein Außengebiet nach § 35 BauGB, soweit es sich bei dem jeweiligen Gebiet um ein Gemeindegebiet handelt.[471] Dementsprechend gelten die §§ 29, 35 BauGB. Bodenrechtliche Relevanz ist bei der Errichtung einer Offshore-Windenergieanlage zu bejahen.[472] Hinsichtlich der Genehmigungsfähigkeit gelten die bereits bezüglich der auf dem Festland zu errichtenden Anlagen erfolgten Ausführungen entsprechend: Wie dargestellt handelt es sich bei Windenergieanlagen um bauliche Anlagen nach Art. 2 der jeweiligen Landesbauordnung. Deshalb gelten die entsprechenden Vorschriften auch für Offshore-Anlagen, denn eine feste Verbindung mit dem Erdboden liegt auch bei diesen vor.

---

[468] Gieseke/Wiedemann/Czychowski, WHG, § 31, Rdnr. 13.
[469] Battis/Krautzberger/Löhr, BauGB, Krautzberger, § 1, Rdnr. 30.
[470] Erbguth/Stollmann, DVBl. 1995, 1270 ff., 1271.
[471] BVerwG, DÖV 1995, 1044, 1045.
[472] Erbguth/Stollmann, DVBl. 1995, 1270 ff., 1271, 1276.

e) Weitere zu berücksichtigende Aspekte

Nach § 38 Abs. 1 Nr. 5 BNatSchG sind Beschränkungen bei der Energieerzeugung aus Wasser, Strömung und Wind, wie auch bei der Gewinnung von Bodenschätzen nur nach § 34 BNatSchG zulässig. Dementsprechend ist eine Verträglichkeitsprüfung erforderlich, wenn durch die Errichtung - beispielsweise - einer einzelnen Windenergieanlage oder durch die Ausweisung eines Eignungsgebietes für Windenergieanlagen ein Gebiet von gemeinschaftlicher Bedeutung oder ein Europäisches Vogelschutzgebiet beeinträchtigt werden könnte.

Wasserrechtliche Bestimmungen entfalten für Offshore-Anlagen im wesentlichen keine Wirkungen.[473] Der Gemeingebrauch an Wasserstraßen ist nach § 5 Satz 1 WaStrG beschränkt auf das Befahren mit Wasserfahrzeugen. Die Errichtung und der Betrieb von Anlagen - so auch von Windenergieanlagen - in Bundeswasserstraßen ist davon nicht umfasst.[474] Bundeswasserstraßen sind nach § 1 Abs. 1 Nr. 2 WaStrG in Verbindung mit § 1 Abs. 2 WaStrG die Seewasserstraßen, das heißt, die Flächen zwischen der Küstenlinie bei mittlerem Hochwasser oder der seewärtigen Begrenzung der Binnenwasserstraßen und der seewärtigen Begrenzung des Küstenmeeres. In der Praxis kommen diese Flächen für die Errichtung von Windenergieanlagen nicht in Betracht, da diesbezüglich nur Gebiete mit einer Tiefe von 5 bis 10 m interessant sind. Derartig flache Gewässer können jedoch von der Schifffahrt nur in sehr eingeschränktem Maße genutzt werden.[475] Sollte dennoch eine Windenergieanlage im Gebiet einer Bundeswasserstraße errichtet und betrieben werden, so wäre dies eine Sondernutzung, die einer besonderen Erlaubnis bedürfte.[476] Deshalb ist es notwendig, die Auswirkungen der Offshore-Windparks auf die Sicherheit des Schiffsverkehrs zu untersuchen, um die damit verbundenen Risiken für Mensch und Umwelt abschätzen zu können.[477] Im Rahmen der Genehmigungsverfahren sind detaillierte Risikoanalysen vorzulegen, so dass die Genehmigungsbehörden eine Bewertung anhand nachvollziehbarer Daten und im Vergleich zu anderen Risiken durchführen können. Das BSH bezieht in einer Trägerbeteiligungsrunde Träger öffentlicher Belange, wie zum Beispiel die Wasser- und Schifffahrtsdirektionen, das Umweltbundesamt, die Bundesforschungsanstalt für Fischerei, das Bundesamt für Naturschutz, das Oberbergamt und die Wehrbereichsverwaltung in das Genehmigungsverfahren ein. Die Ergebnisse der Risikoanalyse werden den Trägern öffentlicher Belange vorgelegt, so dass diese anhand der

---

[473] Erbguth, RdE 1996, 85 ff., 89.
[474] Petersen, Deutsches Küstenrecht, Rdnr. 358 m.w.N.
[475] Erbguth, RdE 1996, 85 ff., 89.
[476] Ausführlich dazu: Erbguth/Stollmann, DVBl. 1995, 1270 ff., 1274.
[477] http://ErneuerbareEnergien.de/1101/previento.html.

Gegenüberstellung von berechnetem Risiko und Akzeptanzwerten eine Bewertung vornehmen können.[478]

3. Ausblick

Am 9. November 2001 wurde vom Bundesamt für Seeschifffahrt und Hydrographie das erste Offshore-Projekt in Deutschland genehmigt. Im Rahmen dieses Projekts werden ca. 45 km nördlich der Insel Borkum 12 Anlagen errichtet,[479] eine Baugenehmigung für weitere 77 Windenergieanlagen mit ca. 277 MW installierter Leistung wurde vom BSH für das Offshore-Windparkprojekt „Borkum Riffgrund" am 25.2.2004 erteilt.[480] Ferner wurden 80 Anlagen im Rahmen des Windparks Butendiek, 30 km westlich von Sylt, genehmigt.[481] Eine Vielzahl weiterer Genehmigungsanträge liegt dem BSH vor.[482]

---

[478] http://ErneuerbareEnergien.de/1101/previento.html.
[479] http://www.wind-energie.de/aktuelles-und-aktivitaeten/presse/2001-11-19-pm.htm; Koch/Wiesenthal, ZUR 2003, 350 ff., 350.
[480] http://www.iwr.de/news.php?id=5967.
[481] Koch/Wiesenthal, ZUR 2003, 350 ff., 350.
[482] Koch/Wiesenthal, ZUR 2003, 350 ff., 350.

F. Zusammenfassung

Die Bundesrepublik Deutschland hat sich völkerrechtlich verpflichtet ihren CO_2-Ausstoß zu senken. Da die Stromerzeugung einer der größten CO_2-Verursacher innerhalb Deutschlands ist, bietet dieser Bereich einen geeigneten Ansatzpunkt zur Erreichung dieses Ziels im Wege des Ausbaus der Erneuerbaren Energien, vor allem der Windenergie. Deutschland ist in der Stromproduktion durch Windenergieanlagen weltweit führend. Die stetig steigende Zahl an errichteten Windkraftanlagen und die steigende Zahl von jährlich gestellten Genehmigungsanträgen verlangen nach einer umfassenden, vorausdenkenden Planung. Deshalb kommt der Raumordnung und Landesplanung als überörtlicher Ordnungsebene eine herausragende Bedeutung zu. Dies gilt insbesondere unter dem Aspekt, dass die Errichtung von Windenergieanlagen stets polarisierende Meinungen auslöst: Es stehen sich die Vorteile dieser Energiegewinnung, wie Umweltfreundlichkeit und der unendlichen Verfügbarkeit dieser Energiequelle sowie die Nachteile, wie die damit verbundenen Beeinträchtigungen von Natur und Landschaft, wie auch ihre eingeschränkte Effizienz und Wirtschaftlichkeit, gegenüber. Obwohl die Windenergienutzung einen großen Beitrag zum Klimaschutz und damit zum Umwelt- und Naturschutz leisten kann sind es vor allem die Naturschutzverbände, die sich gegen eine Errichtung von Windenergieanlagen wehren. Begründet wird dies meist mit einer zu erwartenden Verunstaltung des Landschaftsbildes.

Als wichtigste Instrumente des Ausbaus der Nutzung der erneuerbaren Energien gelten meist lediglich das Erneuerbare Energiengesetz inklusive der Biomasseverordnung, sowie Marktanreizprogramme, die Ökologische Steuerreform und die verstärkte Förderung der Forschung und Entwicklung im Bereich der erneuerbaren Energien. Jedoch übernimmt auch die Raumplanung eine wichtige Rolle im Zusammenspiel von Umwelt und Energie, da sie die Energienutzung quasi in die Landschaft einordnet und dieser zuordnet, so dass sie es letztlich ist, die der Nutzung der erneuerbaren Energien eine Chance gibt oder ihr diese verwehrt. Im Rahmen der Raumordnung und Landesplanung besteht dabei die Möglichkeit, die für die Umwelt bei der Nutzung der erneuerbaren Energien entstehenden Nachteile zu den positiven Auswirkungen dieser Art der Energiegewinnung in Relation zu setzen, und durch umfassende Abwägung und Planung die nachteiligen Auswirkungen möglichst gering zu halten.

Einer umfassenden und vorausschauenden Planung, die alle Aspekte im Zusammenhang mit der Errichtung von Windenergieanlagen berücksichtigt und in ihre Abwägung einstellt, ist es möglich, die mit der Errichtung und dem Betrieb verbundenen Nachteile zu minimieren. Dies führt zu einer Abmilderung der polarisierten Einstellungen zugunsten der Windenergie. Um den vielschichtigen

Anforderungen einer umfassenden Planung gerecht zu werden, ist die Verwendung sämtlicher Instrumente der Raumordnung und Landesplanung erforderlich. Um trotz der Privilegierung in § 35 Abs. 1 Nr. 6 BauGB eine flächendeckende Bebauung des Außenbereichs mit Windenergieanlagen verhindern zu können, wurde mit § 35 Abs. 3 Satz 3 BauGB vom Gesetzgeber ein sogenannter Planvorbehalt geschaffen. Wichtigste Instrumente der Landes- und Raumplanung zur Umsetzung und Gestaltung des eingeräumten Planvorbehalts sind dabei die Programme und Pläne.

Im Rahmen einer umfassenden Planung ist zu berücksichtigen, dass nicht nur der technische Fortschritt, sondern auch die europarechtlichen Einflüsse noch verschiedene Veränderungen und Anpassungserfordernisse erforderlich machen werden. Zwar gilt die Raumordnung als ein Kernelement nationaler Souveränität. Dennoch haben sich die Rahmenbedingungen der Raumordnung durch den Prozess der Globalisierung sowie durch demographische Entwicklungen und die Europäisierung der Planung bereits geändert. Insgesamt sind die europarechtlichen Einflüsse aber bisher lediglich punktuell zu verzeichnen. Zwar sind zunehmend, insbesondere durch die bereits in Kraft getretenen Richtlinien sowie aller Erwartung nach auch durch die Schaffung weiterer Richtlinien, verstärkte europarechtliche Einflussnahmen zu erwarten. Zum momentanen Zeitpunkt ist dieser Rechtsbereich jedoch weitestgehend noch national bestimmt.

Spannungen im Bereich der nationalen Planung treten vor allem zwischen überörtlichen und örtlichen Planungsträgern auf. Der Konflikt zwischen staatlicher Landesplanung und kommunaler Planung wurde vom Gesetzgeber mit der aus §§ 4 Abs. 1 Satz 1 ROG und § 1 Abs. 4 BauGB resultierenden Zielbeachtungs- und Anpassungspflicht grundsätzlich zugunsten der staatlichen Raumplanung entschieden. Im Hinblick auf die den Gemeinden in Art. 28 Abs. 2 GG und Art. 11 Abs. 2 BV garantierte Eigenverantwortlichkeit mit dem daraus resultierenden Selbstverwaltungsrecht der Gemeinden muss diesen im Gegenzug zu den gesetzlich geregelten Zielbeachtungs- und Anpassungspflichten die Möglichkeit einer Einflussnahme auf die Landesplanung gewährleistet werden. Dies geschieht vor allem durch eine Beteiligung der berührten Gemeinden an den Maßnahmen und Planungen der Raumordnung und Landesplanung.

Auf kommunaler Ebene kann das Bauleitplanungsrecht in Verbindung mit dem Baugenehmigungsrecht einen wesentlichen Beitrag für die Akzeptanz der Windenergienutzung leisten, indem es die umfassende Planung der überörtlichen Ebene nicht nur konkretisiert, sondern auch weiterführt und dort eingreift, wo eine überörtliche Planung den Anforderungen an eine umfassende Planung nicht gerecht wird. Planungsrechtlich kann die Einflussnahme dabei sowohl im Flächennutzungsplan als auch im Bebauungsplan geschehen.

Aufgrund der dargelegten Probleme bei der Standortfindung wird die jährlich neu installierte Zahl von Windenergieanlagen an Land in wenigen Jahren abnehmen. Der Einstieg in die Offshore-Windenergienutzung gewinnt deswegen zunehmend an Bedeutung. Eine großflächige Errichtung von Offshore-Windparks ist aus diesem Grund in den nächsten Jahren und Jahrzehnten auch in Deutschland zu erwarten. Auch Offshore-Anlagen unterfallen im Bereich des Küstenmeeres dem Aufgabenbereich der Raumordnung und Landesplanung.

Trotz der im Rahmen dieser Arbeit dargestellten Nachteile, die mit der Errichtung und Nutzung der Windenergie verbunden sind, ist der forcierte Ausbau der Windenergienutzung als Gewinn für Deutschland zu sehen. Denn zumindest als additive Energieform ist die Nutzung der Windenergie für die Stromproduktion nicht nur ökologisch sinnvoll, sondern auch notwendig. Um die Beeinträchtigungen von Umwelt und Mensch möglichst zu vermeiden ist eine vorausschauende Planung notwendig. Diese Planung ist mit den Eingriffsmöglichkeiten durch Bauleitplanung und Raumordnungsplanung zu verwirklichen. Gerade die gegenüber konventionellen Kraftwerken herausragenden Vorteile der Windenergie verlangen nach einer Planung, die der Windenergie „an geeigneten Standorten auch eine Chance" gibt.[483]

---

[483] Beschlussempfehlung und Bericht des Ausschusses für Raumordnung, Bauwesen und Städtebau (18. Ausschuss), BT-Drs. 13/4978, S. 8.

Literaturverzeichnis

Allnoch, Norbert: Zur weltweiten Entwicklung der Regenerativen Energien, Energie-wirtschaftliche Tagesfragen 2000, S. 344 ff.

Allnoch, Norbert: Zur Aussagekraft mittlerer Jahresgeschwindigkeitswerte, Windkraft-Journal 4/1996, S. 24ff.

Apfelbacher, Dieter/*Adenauer*, Ursula/*Iven*, Klaus: Das Zweite Gesetz zur Änderung des Bundesnaturschutzgesetzes – Innerstaatliche Umsetzung und Durchführung gemeinschaftsrechtlicher Vorgaben auf dem Gebiet des Naturschutzes, NuR 1999, 74 ff.

Backhaus, Susanne: Die Gemeinden in der Landeplanung unter Berücksichtigung der Neuregelung des Raumordnungsrechts, Würzburg 2001.

Bartlsperger, Richard: Raumplanung zum Außenbereich, Die raumplanerische Steuerung von Außenbereichsvorhaben, Schriften zum Öffentlichen Recht, Band 923, Berlin 2003.

Bartlsperger, Richard: Raumordnungsgebiete mit besonderer Funktion (Vorrang-, Vorbehalts- und Eignungsgebiete), in: Akademie für Raumforschung und Landesplanung (Hrsg.), Novellierung des Landesplanungsrechts aus Anlass des Raumordnungsgesetzes 1998, Arbeitsmaterial Nr.266, Hannover 2000.

Battis, Ulrich: Öffentliches Baurecht und Raumordnungsrecht, 4. Aufl., Stuttgart, Berlin, Köln, 1999.

Battis, Ulrich: Rechtsfragen der europäischen Raumordnungspolitik, in: Berkemann, Jörg/Gaentzsch, Günter/Halama, Günter u. a. (Hrsg.), Planung und Plankontrolle, Festschrift für Otto Schlichter zum 65. Geburtstag, Köln 1995, S. 185 ff.

Battis, Ulrich/*Krautzberger*, Michael/*Löhr*, Rolf-Peter: Baugesetzbuch, 8. Auflage, München 2002.

Bauch, Peter/*Seiler*, Martin: ArcAktuellExtra, S.1 ff.

Bayerisches Staatsministerium (Hrsg.): Bayerisches Staatsministerium für Wirtschaft, Verkehr und Technologie (Hrsg.), Bayerischer Solar- und Windatlas, Stand: März 2001.

Bayerisches Staatsministerium (Hrsg.): Bayerisches Staatsministerium für Wirtschaft, Verkehr und Technologie (Hrsg.), Erneuerbare Energien in Bayern, Stand: 2001.

Bayerisches. Staatsministerium (Hrsg.): Bayerisches Staatsministerium für Wirtschaft, Verkehr und Technologie (Hrsg.), Windenergienutzung in Bayern, Stand 2001.

Berghaus, Jann: Anmerkung zu Ns OVG, Beschl. v. 20.12.01 – MA 3579/01 in: ZNER 2002, 138 ff.

Berkemann, Jörg: Planerische Lenkung des Abbaus von oberflächlichen Bodenschätzen - Zulässigkeit und Grenzen, DVBl. 1989, 625 ff.

Bielenberg, Walter/*Erbguth*, Wilfried/*Runkel*, Peter: Raumordnungs- und Landesplanungsrecht des Bundes und der Länder, ergänzbarer Kommentar, Band 2, Berlin 1979.

Bielenberg, Walter/*Erbguth*, Wilfried/*Söfker*, Wilhelm: Raumordnungs- und Landesplanungsrecht des Bundes und der Länder, Loseblattkommentar, Bielefeld.

Bielenberg, Walter/*Krautzberger*, Michael/*Söfker*, Wilhelm: Baugesetzbuch mit BauNVO, Leitfaden und Kommentierung, 5. Auflage, München, Berlin 1998.

Blümel, Willi: Rechtsschutz gegen Raumordnungspläne, VerwArch 84 (1993), 123 ff.

Brandt, Edmund/*Reshöft*, Jan/*Steiner*, Sascha: Handkommentar zum Erneuerbare-Energien-Gesetz, Baden-Baden 2001.

Buchholz, Heike/*Klindt*, Thomas: Richtfunkstrecken und die Interessen von Mobilfunkbetreibern im Rahmen der Genehmigung von Windenergieanlagen in: BauR 2000, 660 ff.

Büdenbender, Ulrich/*Heintschel von Heinegg*, Wolff/*Rosin*, Peter: Energierecht I, Recht der Energieanlagen, Berlin, New York 1999.

Bundesministerium für Verkehr, Bau- und Wohnungswesen (Hrsg.): Bericht der Unabhängigen Expertenkommission zur Novellierung des Baugesetzbuchs, Berlin, 2002.

Clysters, Katja: Deutschland bleibt in der Windkraft international führend, http://wind-messe.de/presse/ 00338.html.

Czybulka, Detlef: Meeresschutzgebiete in der Ausschließlichen Wirtschaftszone (AWZ), ZUR 2003, 329 ff.

Dahlke, Christian: Genehmigungsverfahren von Offshore-Windenergieanlagen, NuR 2002, 472 ff.

Dreher, Jörg: Offshore-Windparks und Naturschutz - Aktuelle Ergebnisse und Ent-wicklungen (Tagungsbericht), ZNER 2003, 127 f.

Enders, Rainald/*Krings*, Michael: Zur Änderung des Gesetzes über die Umwelt-ver-träglichkeitsprüfung durch das Artikelgesetz zur Umsetzung der UVP-Änderungsrichtlinie, DVBl. 2001, 1242 ff.

Erbguth, Wilfried: Eignungsgebiete als Ziele der Raumordnung? - Planungspraxis, ROG '98, § 35 Abs. 3 Satz 3 BauGB, DVBl. 1998, 209 ff.

Erbguth, Wilfried: Offshore-Windenergieanlagen - Rechtsfragen, RdE 1996, 85 ff.

Erbguth, Wilfried/*Mahlburg*, Stefan: Steuerung von Offshore-Windenergieanlagen in der Ausschließlichen Wirtschaftszone, DÖV 2003, 665 ff.

Erbguth, Wilfried/*Schink*, Alexander: Gesetz über die Umweltverträglichkeitsprüfung, Kommentar, 2. Auflage, München 1996.

Erbguth, Wilfried/*Stollmann*, Frank: Planungs- und genehmigungsrechtliche Aspekte der Aufstellung von Offshore-Windenergieanlagen, DVBl. 1995, 1270 ff.

Erbguth, Wilfried/*Wagner*, Jörg: Bauplanungsrecht, 3. Auflage, München 1998.

Ernst, Werner/*Zinkahn*, Willy/*Bielenberg*, Walter: Kommentar zum Baugesetzbuch, Loseblattsammlung, München.

Feldmann, Franz-Josef: Die Umsetzung der UVP-Änderungsrichtlinie in deutsches Recht, DVBl. 2001, 589 ff.

Fiebig, Karl H./*Hinzen*, Ajo: Umweltschutz und Industriestandorte, 1980, S. 15 ff.

Finkelnburg, Klaus/*Ortloff*, Karsten-Michael: Öffentliches Baurecht, Band I, Bauplanungsrecht, 4. Aufl., München 1996.

Freudenstein, Gerhard/*Lechlein*, Helmut: Raumordnung und Genehmigungsverfahren für Anlagen der elektrischen Energieverteilung, Kassel, Hannover, Darmstadt 1988.

Frickhöffer, Wolfgang (Hrsg): Weißbuch Energie, Weißbuch der Aktionsgemeinschaft Soziale Marktwirtschaft, Stuttgart 1980.

Fürst, Dietrich: Parametrische Steuerung, http://www.laum-uni-Hannover.de /ilr/publ/fuerst/parasteu.pdf.

Gassner, Erich/*Benomir-Kahlo*, Gabriele/*Schmidt-Räntsch*, Annette: Bundesnaturschutzgesetz (BNatSchG), Kommentar, München 1996.

Gieseke, Paul/*Wiedemann*, Werner/*Czychowski*, Manfred: Kommentar zum WHG, 6. Auflage, München 1992.

Ginzky, Harald: Die Richtlinie über die Prüfung der Umweltauswirkungen bestimmter Pläne u. Programme, UPR 2002.

Goppel, Konrad: in Jarass (Hrsg.) Raumordnungsgebiete nach dem neuen Raumordnungsgesetz, Münster 1998.

Goppel, Konrad: Ziele der Raumordnung, BayVBl. 1998, 289 ff.

Goppel, Konrad: Glaubenskrieg um Soll-Ziele, BayVBl. 2002, 449 ff.

Grotefels, Susan: Vorrang, Vorbehalts- und Eignungsgebiete in der Raumordnung (§ 7 Abs. 4 ROG), in: Erbguth, Wilfried/ Oebbecke, Janbernd/Rengeling, Hans-Werner/ Schulte, Martin (Hrsg.): Planung, Festschrift für Werner Hoppe zum 70. Geburtstag, München 2000, S. 369 ff.

Halama, Günter: Durchsetzung und Abwehr von Zielen der Raumordnung und Landesplanung auf der Gemeindeebene, in: Berkemann, Jörg/Gaentzsch, Günter/Halama, Günter u. a. (Hrsg.), Planung und Plankontrolle, Festschrift für Otto Schlichter zum 65. Geburtstag, Köln 1995, S. 201 ff.

Heinloth, Klaus: Die Energiefrage: Bedarf und Potentiale, Nutzung, Risiken und Kos-ten, Braunschweig, Wiesbaden 1997.

Hendler, Reinhard: Die bundesverwaltungsgerichtliche Rechtsprechung zur regionalplanerischen Steuerung der Windkraftnutzung, UPR 2003, 401 ff.

Hermes, Georg: Staatliche Infrastrukturordnung, Tübingen 1998.

Hinsch, Christian: Klares Bekenntnis fehlt, http://windenergie.de/zeitschriftneue energie/jahr2001/inhalte/ne0107/juli1.htm.

Holz, Heinrich-Peter: Die bauplanungsrechtliche Privilegiertheit raumbedeutsamer Windkraftanlagen – räumliche Steuerung durch Regionalplanung?, NWVBl. 1998, S. 82 ff.

Holzbauer, Ulrich/*Kolb*, Maximilian/*Roßwag*, Helmut: Umwelttechnik und Umweltmanagement, ein Wegweiser für Studium und Praxis, Heidelberg, Berlin, Oxford 1996.

Hoppe, Werner: Zur planakzessorischen Zulassung von Außenbereichsvorhaben durch Raumordnungs- und durch Flächennutzungspläne, DVBl. 2003, 1345 ff.

Hoppe, Werner: Kritik an der textlichen Fassung und inhaltlichen Gestaltung von Zielen der Raumordnung in der Planungspraxis, DVBl. 2001, 81 ff.

Hoppe, Werner: "Ziele der Raumordnung" (§ 3 Nr. 2 ROG 1998) in Soll-Formulierungen als „durchgängiges Prinzip der Raumordnung in Bayern", Anmerkungen zu dem „Fachziel Einzelhandelsgroßprojekte/FOC" im Entwurf zur Änderung des Landesentwicklungsprogramms Bayern, BayVBl. 2002, 129 ff.

Hoppe, Werner: „Ziele der Raumordnung" (§ 3 Nr. 2 ROG 1998) und „Allgemeine Ziele der Raumordnung und Landesplanung" im Landesentwicklungsprogramm – LEPro - des Landes Nordrhein-Westfalen, NWVBl. 1998, 461 ff.

Hoppe, Werner: „Ziele der Raumordnung und Landesplanung" und „Grundsätze der Raumordnung und Landesplanung" in normtheoretischer Sicht, DVBl. 1993, 681 ff.

Hoppe, Werner/*Bönker*, Christian/*Grotefels*, Susan: Öffentliches Baurecht, 2. Aufl., München 2002.

Hoppe, Werner/*Spoerr*, Wolfgang: Die raumordnungsakzessorische Außenbereichsnutzung, (§ 35 III 2 - 3), Schrankenlose Eigentumsausgestaltung ohne Entschädigung, NVwZ 1999, 945 ff.

Jarass, Hans D. (Hrsg.): Raumordnungsgebiete (Vorbehalts-, Vorrang- und Eignungsgebiete) nach dem neuen Raumordnungsgesetz, Münster 1998.

Jarass, Hans D.: Stromerzeugung aus Windkraft: Ein alter Traum kann Wirklichkeit werden, in: ET 1978, 357 ff.

Jarass, Hans D.: Wirtschaftsverwaltungsrecht mit Wirtschaftsverfassungsrecht, 3. Aufl., 1997.

Kloepfer, Michael: Umweltrecht, 2. Aufl., München 1998.

Kment, Martin: Bindungswirkung der Grundsätze der Raumordnung gegenüber Personen des Privatrechts, NVwZ 2004, 155 ff.

Koch, Hans-Joachim/*Wiesenthal* Tobias: Windenergienutzung in der AWZ, ZUR 2003, 350 ff.

Köck, Wolfgang: Perspektiven integrierter Umweltplanung aus rechtlicher Sicht, UPR 2002, 321 ff.

Krautzberger, Michael: Zur Novellierung des Baugesetzbuchs 2004, UPR 2004, 41 ff.

Louis, Hans Walter: BNatSchG, Kommentar, Braunschweig 1994.

Lüers, Hartwig: Windkraftanlagen im Außenbereich - Zur Änderung des § 35 BauGB, ZfBR 1996, 297 ff.

Maier, Kathrin: Zur Steuerung von Offshore-Windenergieanlagen in der Ausschließlichen Wirtschaftszone (AWZ), UPR 2004, 103 ff.

Manssen, Gerrit: Stadtgestaltung durch örtliche Bauvorschriften, Schriften zum Öffentlichen Recht, Bd. 583, Berlin, 1990.

Manssen, Gerrit: Differenzierung vertikaler Verwaltungsstrukturen durch Raum- und Regionalplanung, in Wallerath, Maximilian (Hrsg.), Differenzierung vertikaler Verwaltungsstrukturen durch Raum- und Regionalplanung, Baden-Baden, S. 31 ff.

Manssen, Gerrit: Rechtliche Beurteilung der regionalplanerischen Konzepte zur Windenergienutzung, Manuskript ALR.

Mock, Thomas: Windkraft im Widerstreit - Ein Plädoyer zur Aufhebung der „Privilegierung" von Windindustrieanlagen gem. § 35 I Nr. 6 BauGB, NVwZ 1999, 937 ff.

Molly, J.P./ *Ender*, C.: Windenergie-Studie 2002 - Markteinschätzung der Windindustrie bis zum Jahr 2010, Deutsches Windenergie-Institut GmbH im Auftrag der Hamburger Messe und Congress GmbH, April 2002.

Mutius, Albert v.: Rechtliche Voraussetzungen und Grenzen der Erteilung von Baugenehmigungen für Windenergieanlagen, DVBl. 1992, 1469 ff.

Nicolai, Helmuth v.: Raumordnerische Steuerung von Windenergieanlagen, NVwZ 2002, 1078 ff.

Niedersberg, Jörg: Der Beitrag der Windenergie zur Stromversorgung, Frankfurt am Main, Berlin, Bern, New York, Paris, Wien 1997.

Niedersberg, Jörg/*Baumann*, Toralf: Rückbauverpflichtung und Sicherheitsleistung als zulässige Nebenbestimmung zur Genehmigung für die Errichtung und den Betrieb von Windenergieanlagen?, in: ZNER 2002, 101 ff.

Ogiermann, Eva-Maria: Rechtsfragen der Errichtung von Windkraftanlagen, 1992.

Oldiges, Martin: Baurecht, in Steiner (Hrsg.), Besonderes Verwaltungsrecht, 5. Aufl., Heidelberg, 1995.

Paßlick, Hermann: Die Ziele der Raumordnung und Landesplanung. Rechtsfragen von Begriff, Wirksamkeit, insbesondere im Außenbereich gem. § 35 BauGB und Darstellungsprivileg, Beiträge zum Siedlungs- und Wohnungswesen und zur Raumplanung, Bd. 105, Münster 1986.

Petersen, Sönke: Deutsches Küstenrecht.

Rayermann, Marcus/*Loibl* Helmut (Hrsg.): Energierecht, Handbuch, Berlin, 2003.

Redeker, Konrad: Flächenkonzentration durch Ziele der Raumordnung, in Erbguth u. a. (Hrsg.), Planung - Festschrift für Hoppe, München 2000, S. 329 ff.

Regierung Oberpfalz: Pressemitteilung Nr. 27/99, Windenergienutzung in der Oberpfalz,
http://www.regierung.Oberpfalz.bayern.de/aktuell/presse/pm99/pm99_027.htm.

Reshöft, Jan/*Dreher*, Jörg: Rechtsfragen bei der Genehmigung von Offshore-Windparks in der deutschen AWZ nach Inkrafttreten des BNatSchGNeuregG, ZNER 2002, 95 ff.

Rühl, Christiane: Planungsrechtliche Aspekte der Ansiedlung von Windenergieanlagen, UPR 2001, 413 ff.

Runkel, Peter: Steuerung von Vorhaben der Windenergienutzung im Außenbereich durch Raumordnungspläne, DVBl. 1997, 275 ff.

Runkel, Peter: Steuerung von Vorhaben der Windenergienutzung im Außenbereich durch Raumordnungspläne, Deutsches Volksheimstättenwerk (Hrsg.), 1997, 1 ff.

Runkel, Peter: Das neue Raumordnungsgesetz und das Umweltrecht, NuR 1998, 449 ff.

Runkel, Peter: Zur geplanten Neuregelung des Rechts der Raumordnung, UPR 1997, 1 ff.

Sach, Karsten/*Reese*, Moritz: Das Kyoto-Protokoll nach Bonn und Marrakesch, ZUR 2002, 65 ff.

Schidlowski, Frank: Standortsteuerung von Windenergieanlagen durch Flächennutzungspläne, NVwZ 2001, S.388 ff.

Schink, Alexander: Die Verträglichkeitsprüfung nach der Fauna- Flora- Habitat Richtlinie der EG, DÖV 2002, 45 ff.

Schlichter, Otto/*Stich* Rudolf (Hrsg.): Berliner Kommentar zum Baugesetzbuch, 2. Aufl., Köln u. a. 1995.

Schmidt-Assmann, Eberhard: Struktur und Gestaltungselemente eines Umweltplanungsrechts, DÖV 1990, 169 ff.

Schmidt, Ingo: Wirkung von Raumordnungszielen auf die Zulässigkeit privilegierter Außenbereichsvorhaben, Beiträge zum Siedlungs- und Wohnungswesen und zur Raumplanung, Bd. 175, Münster 1997.

Schmidt, Ingo: Die Entwicklung des Öffentlichen Rechts, Planerische Steuerung von Windenergieanlagen, DVBl. 1997, 990 ff.

Schmidt, Ingo: Die Raumordnungsklauseln in § 35 BauGB und ihre Bedeutung für Windkraftvorhaben, DVBl. 1998, 669 ff.

Schmidt, Michael/*Rütz*, Nicole/*Bier*, Sascha: Umsetzungsfragen bei der strategischen Umweltprüfung (SUP) in nationales Recht, DVBl. 2002, 357 ff.

Schreiber, Robert: Die Umsetzung der Plan-UP-Richtlinie im Raumordnungsrecht - eine Zwischenbilanz, UPR 2004, 50 ff.

Schroeder, Werner: Die Wirkung von Raumordnungszielen, UPR 2000, 52 ff.

Schrödter, Hans (Hrsg.): Baugesetzbuch, Kommentar, 6. Aufl., München 1998.

Schulte, Hans: Rechtliche Gegebenheiten und Möglichkeiten der Sicherung des Abbaus oberflächennaher Bodenschätze in der Bundesrepublik Deutschland, Hannover 1986.

Schulte, Hans: Ziele der Raumordnung, NVwZ 1999, 943 ff.

Spannowsky, Willy: Die zunehmende Bedeutung des Rechts der Europäischen Gemeinschaft für die Regionalplanung, die Bauleitplanung und die Fachplanungen, UPR 1998, 161 ff.

Spiecker, Margarete: Raumordnung und Private, Schriften zum Öffentlichen Recht, Bd. 788, Berlin 1999.

Spiecker, Margarete: Die raumordnerische Steuerung von Kiesabgrabungen durch Eignungsgebiete i.S. des § 7 Abs. 4 Satz 1 Nr. 3 ROG, BayVBl. 2001, 673 ff.

Steeg, Helga: Risiken in der Energieversorgungssicherheit - Ursachen und Strategien zu ihrer Minderung, in: RdE 2002, 235 ff.

Stelkens, Paul/*Bonk*, Joachim/*Sachs*, Michael: VwVfG, Kommentar, 5. Aufl., 1998.

Stich, Rudolf: Rechts- und Fachprobleme der Bewertung von Eingriffen in Natur und Landschaft und der Ermittlung der erforderlichen Ausgleichsmaßnahmen in der Bauleitplanung, UPR 2002, 10 ff.

Stüer, Bernhard: Der Bebauungsplan, Städtebaurecht in der Praxis, München: 2000.

Stüer, Bernhard: Bau- und Fachplanungsrecht, 1998.

Stüer, Bernhard/*Vildomec*, Arthur: Planungsrechtliche Zulässigkeit von Windenergieanlagen, BauR 1998, 427 ff.

Tettinger, Peter J.: Zur Stärkung der ökologischen Dimension der Elektrizitätswirtschaft, - dargestellt unter besonderer Berücksichtigung der deutschen Förderung erneuerbarere Energiequellen und der Kraft-Wärme-Kopplung, in: Dolde, Klaus-Peter (Hrsg.), Umweltrecht im Wandel, im Auftrag des Vorstandes der Gesellschaft für Umweltrecht, Berlin, 2001 S. 949 ff.

Tigges, Franz-Josef/*Berghaus*, Jann/*Niedersberg*, Jörg: Windenergie und „Windiges"- Ein Plädoyer für wissenschaftliche Ehrlichkeit, NVwZ 1999, Heft 12, S. 1317 ff.

Tigges, Franz-Josef: Die Ausschlusswirkung von Windvorrangflächen in der Flächennutzungsplanung, ZNER 2002, 87 ff.

Wagner, Jörg: Privilegierung von Windkraftanlagen im Außenbereich und ihre planerische Steuerung durch die Gemeinde, UPR 1996, 370 ff.

Wagner, Jörg: DVBl. 1990, 1024 ff.

Wilrich, Thomas: Verbandsbeteiligung in der Raumplanung, UPR 2000, 366 ff.

Wolf, Rainer: Rechtsprobleme der Anbindung von Offshore-Windenergieparks in der AWZ an das Netz, ZUR 2004, 65 ff.

Wolff, Amadeus: Die raumordnungsrechtliche Qualifizierung der Vorbehaltsgebiete in bayerischen Raumordnungsplänen, BayVBl. 2001, 737 ff.

Wulfhorst, Reinhard: Auswirkungen der Umweltverträglichkeitsprüfung auf das Bebauungsplanverfahren, UPR 2001, 246 ff.

Zimmer, Tilmann: Energierecht zwischen Umweltschutz und Wettbewerb – Bericht, DÖV 2002, 201 ff.

Zoubek, Gerhard: Sektoralisierte Landesplanung, Rechtsdogmatische und rechtspolitische Aspekte der hochstufigen fachlichen Programme und Pläne, aus: Beiträge zum Siedlung- und Wohnungswesen und zur Raumplanung, Bd. 85, Münster 1983.

Regensburger Beiträge zum Staats- und Verwaltungsrecht

Herausgegeben von Gerrit Manssen

Band 1   Simone Maria Koitek: Windenergieanlagen in der Raumordnung. 2005.

www.peterlang.de